Ammar Izzeldin Mohammed
Mohammed Faisal Osman

Sistema de Rádio Cognitivo

Ammar Izzeldin Mohammed
Mohammed Faisal Osman

Sistema de Rádio Cognitivo

Análise do desempenho BER de um sistema de rádio cognitivo baseado na técnica de deteção de energia

ScienciaScripts

Imprint

Cover image: www.ingimage.com

This book is a translation from the original published under ISBN 978-620-2-01349-9.

Publisher:
Sciencia Scripts
is a trademark of
Dodo Books Indian Ocean Ltd. and OmniScriptum S.R.L publishing group

120 High Road, East Finchley, London, N2 9ED, United Kingdom
Str. Armeneasca 28/1, office 1, Chisinau MD-2012, Republic of Moldova, Europe
Printed at: see last page
ISBN: 978-620-7-67653-8

Lista de conteúdos

Agradecimentos

Nunca teria sido capaz de terminar a minha dissertação sem a orientação do meu supervisor, a ajuda dos amigos e o apoio da minha família.

Gostaria de exprimir a minha mais profunda gratidão ao meu supervisor académico, **Dr. Mohammed Faisal Osman,** pela sua excelente orientação, atenção, paciência e por me ter proporcionado um excelente ambiente para a investigação.

Gostaria também de agradecer a todos os que me desejaram sorte e sucesso, obrigado pelo vosso apoio.

Resumo

Nas últimas décadas, surgiram dispositivos de tecnologia de rádio cognitiva, que podem ajustar os seus parâmetros de funcionamento de acordo com os dados que foram detectados no ambiente circundante, em que as redes de rádio cognitiva gerem um processo de partilha de espetro entre vários utilizadores, classificando-os num utilizador principal, que é o proprietário da licença e tem autoridade total para utilizar a largura de banda, e num utilizador secundário, que tem o direito de utilizar a largura de banda, mas sem influenciar o utilizador principal.

Alguns factores desempenham um papel importante na determinação da eficiência e do desempenho do sistema de rádio cognitivo, um dos quais é a taxa de erro dc bits dos dados transmitidos, que deve ser tão baixa quanto possível para obter os melhores resultados.

Esta investigação estudou um sistema de rádio cognitivo utilizando a técnica de deteção de energia, e o desempenho foi analisado através do cálculo do BER dos dados transmitidos. O modelo concebido foi testado em diferentes canais de comunicação e com diferentes tipos de modulação digital, e a capacidade de partilhar a largura de banda com um utilizador secundário não autorizado foi também testada sem causar impacto no utilizador principal

A simulação do sistema de rádio cognitivo foi efectuada utilizando o MATLAB Simulink, tendo sido calculada a BER quando se utilizaram diferentes técnicas de modulação digital e valores crescentes da relação sinal/ruído (SNR) e os resultados foram comparados entre si.

Lista de abreviaturas

ADC	-	Analog to Digital Converter
AGC	-	Automatic Gain Control
AWGN	-	Additive White Gaussian Noise
BER	-	Bit Error Rate
BPSK	-	Binary Phase Shift Keying
CR	-	Cognitive Radio
CRN	-	Cognitive Radio Network
CSI	-	Channel State Information
DSA	-	Dynamic Spectrum Access
FCC	-	Federal Communication Commission
FFT	-	Fast Fourier Transform
IEEE	-	Institute of Electrical and Electronic Engineers
IF	-	Intermediate Frequency
LNA	-	Low Noise Amplifier
M-PSK	-	M-Ary Phase-Shift Keying
M-QAM	-	M-Ary Quadrature Amplitude Modulation
NTC	-	National Telecommunication Corporation
PLL	-	Phase Locked Loop
PU	-	Primary User
QPSK	-	Quadrature Phase Shift Keying
RF	-	Radio Frequency
SNR	-	Signal to Noise Ratio
SU	-	Secondary User
VCO	-	Voltage-Controlled Oscillator
WRAN	-	Wireless Regional Area Network
XG	-	Next Generation

Capítulo I

Introdução

1.1 Geral:-

O futuro das redes sem fios consiste numa combinação de tecnologias da Internet e de sistemas de comunicações móveis que fornecem uma vasta gama de serviços, mas a política de licenciamento do espetro e a não utilização do espetro com elevada eficiência conduzem a um acesso estático e a uma utilização ineficiente. Convencionalmente, o governo é responsável pela atribuição de bandas de espetro aos operadores. No Sudão, a National Telecommunication Corporation (NTC) é a agência governamental que assume esta responsabilidade. Os requisitos das várias tecnologias e a crescente procura diária no mercado conduzem a uma escassez de espetro e à utilização de frequências desequilibradas. Tornou-se necessário introduzir novas políticas de licenciamento do espetro e redefinir regras para permitir um acesso dinâmico e abrir caminho para uma utilização mais eficiente do espetro disponível.

Uma solução promissora para estes problemas é um sistema de rádio cognitivo (CR). O CR é uma plataforma de rádio inteligente com a capacidade de explorar o espetro não utilizado e aumentar a eficiência e a utilização do espetro. A terminologia CR vem da capacidade do sistema CR de recolher dados do ambiente circundante, o que leva a lidar com sistemas vizinhos com pleno conhecimento das informações operacionais desses sistemas, evitando interferências de sinal e explorando espaços livres no espetro para atingir o objetivo de coexistência entre utilizadores primários (PU) e utilizadores secundários (SU).

1.2 Motivação :-

O rápido desenvolvimento no domínio das comunicações sem fios requer uma grande largura de banda para satisfazer os requisitos deste desenvolvimento. Sabe-se que o espetro é um recurso limitado muito importante, pelo que deve ser explorado de forma eficiente, permitindo que os utilizadores não licenciados utilizem o espetro licenciado sem causar interferências com as PU. A motivação para este trabalho é conceber um modelo baseado na possibilidade de os SU tirarem partido das bandas não utilizadas pelas PU e utilizarem essas bandas de uma forma realista. Além disso, a tecnologia CR resolve o problema da escassez de espetro e proporciona um acesso dinâmico ao espetro.

1.3 Declaração do problema :-

Esta tese tem como objetivo resolver o problema da limitação do espetro e explorar o espetro de forma eficaz, analisando depois o desempenho do sistema concebido através da escolha dos esquemas de modulação adequados em diferentes ambientes de canal, que podem atingir a taxa de dados mais elevada com uma taxa de erro de bits (BER) mínima.

1.4 Objectivos :-

Os objectivos desta investigação são:

- Estudar e simular um sistema de rádio cognitivo.
- Conceber e analisar o desempenho do método de deteção de energia para técnicas de deteção de espetro em ruído branco gaussiano aditivo (AWGN).
- Conceber e analisar o impacto dos canais com desvanecimento nas técnicas de deteção do espetro por deteção de energia, via:

o Canal de desvanecimento de Rayleigh.

o Canal de desvanecimento Rician.

1.5 Metodologia :-

A metodologia utilizada nesta investigação consiste numa análise descritiva (teórica, diagramas de blocos), num modelo matemático (equações, gráficos), num modelo informático (algoritmos) e num modelo Simulink (utilizando o MATLAB Simulink).

1.6 Layout da tese :-

Esta tese é composta por cinco capítulos, para além da lista de referências. O segundo capítulo aborda a rede de rádio cognitiva (CRN), como conceito, caraterística, especificação, tipos de aplicação da CR e componente funcional. O terceiro capítulo explica a metodologia aplicada para cumprir os requisitos deste projeto, utilizando análise descritiva, modelo matemático e modelo computacional. O quarto capítulo apresenta os resultados obtidos, comparados e discutidos em pormenor. O quinto capítulo apresenta a conclusão e sugere alguns pontos de recomendação para trabalhos futuros.

Capítulo II

Sistema de rádio cognitivo

2.1 Conceito de rede de rádio cognitiva

O rádio cognitivo é a principal caraterística da tecnologia de rede da próxima geração (xG). Insere-se nas normas IEEE 802.22 WRAN (Wireless Regional Area Network). O conceito de acesso dinâmico ao espetro (DSA) permite que diferentes utilizadores sem fios e diferentes tipos de serviços utilizem o espetro de radiofrequências, o que, juntamente com o conceito de rádio cognitivo, permite identificar buracos no espetro ou espaços brancos e utilizá-los para comunicar. O CR é uma plataforma de rádio inteligente que tem a capacidade de redefinir os parâmetros do transponder de acordo com o ambiente circundante para aumentar a eficiência e a capacidade de utilização do espetro. Os CR detectam automaticamente os canais disponíveis num espetro sem fios e, de acordo com os canais disponíveis no espetro de rádio, os parâmetros do transmissor e do recetor são reajustados [1]. Os CR permitem a utilização de espetro temporariamente não utilizado, o que é designado por buraco de espetro ou espaço branco [2]. Um buraco de espetro é uma região de espaço-tempo-frequência, onde uma PU está ausente e uma determinada utilização secundária é possível [3]. Uma explicação deste conceito é apresentada na Figura 2.1 abaixo, onde a rádio cognitiva utilizada para o acesso dinâmico ao espetro "salta" de uma parte do espetro para outra. É fácil ilustrar o conceito de "espaço em branco" dos orifícios do espetro no domínio do tempo, ou seja, o período de tempo em que o utilizador licenciado não está a transmitir. Quando falamos no domínio da frequência, o "espaço em branco" dos orifícios do espetro é tecnicamente definido como uma banda de frequência em que um SU pode transmitir sem interferir com qualquer utilizador primário (em todas as frequências). Os buracos no espetro dividem-se em três tipos [4]:

1- Espaços negros, dominados pela alta energia.

2- Espaços cinzentos, parcialmente controlados por baixa potência.

3- Espaços brancos, livres de radiofrequência, exceto ruído branco gaussiano.

Ao alternar dinamicamente entre intervalos no espetro não utilizado, o CR tira partido do espetro não utilizado, tem capacidade para monitorizar o seu ambiente de comunicações e ajustar os parâmetros de comunicação para uma utilização eficiente do espetro, minimizando a interferência com a PU [6].

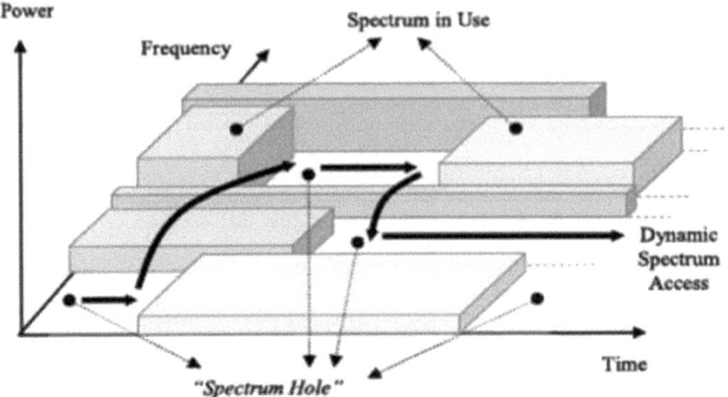

Figura 2.1. Ilustração do conceito de "Spectrum Hole".

2.2 Características da rede de rádio cognitiva

A definição do sistema de rádio cognitivo que diz que "o sistema tem a capacidade de redefinir os parâmetros de funcionamento de acordo com o ambiente circundante" a partir desta definição o rádio cognitivo tem duas características importantes que podem ser definidas como [7]:

2.2.1 Capacidade cognitiva

A capacidade cognitiva destina-se a monitorizar o ambiente externo do espetro, a fim de determinar o espetro radioelétrico não utilizado e configurar os parâmetros de comunicação adequados [8].

2.2.2 Reconfigurabilidade:-

A reconfigurabilidade é a capacidade do CR de definir os seus parâmetros operacionais, como a frequência de rádio, o plano de configuração da transmissão de energia e o protocolo de comunicação, de acordo com o ambiente circundante, para conseguir uma utilização óptima do espetro [9] [10] [11].

2.3 Paradigmas de rádio cognitivos

Existem três paradigmas de rádio cognitivo: underlay, overlay e interweave. Esta classificação baseia-se nas informações sobre o espetro visado ou disponível e na regulamentação do operador [12]:

2.3.1 Paradigma do Underlay:-

No paradigma underlay, a SU e a PU podem transmitir simultaneamente, se o nível de interferência causado pela SU for inferior a um limiar predefinido [12]. Este paradigma assume que a SU tem a informação sobre o estado do canal (CSI) da interferência no canal entre o transmissor da SU e o recetor da PU, que pode ser recolhida pelo gestor do espetro, pelo recetor da PU ou por um dispositivo de terceiros e depois devolvida ao transmissor da SU [13].

2.3.2 Paradigma de sobreposição:-

No paradigma overlay, o SU precisa auxiliar a PU a manter e melhorar o desempenho através do uso de técnicas avançadas de processamento de sinais e criptografia para obter determinados recursos da PU para transmissão [12]. Portanto, esta forma de paradigma exige que o SU tenha a informação lado a lado do código e da mensagem do PU, por exemplo. O SU pode usar alguma potência de transmissão para transmitir a mensagem PU.

2.3.3 Paradigma Interweave:-

No paradigma interweave, os SU necessitam de informações muito precisas sobre a utilização do espetro. Por outras palavras, os SU estão a transferir a exploração oportunista dos buracos do espetro no tempo, no espaço ou na frequência. [12]. A Figura 2.2 ilustra os três tipos de paradigmas de RC.

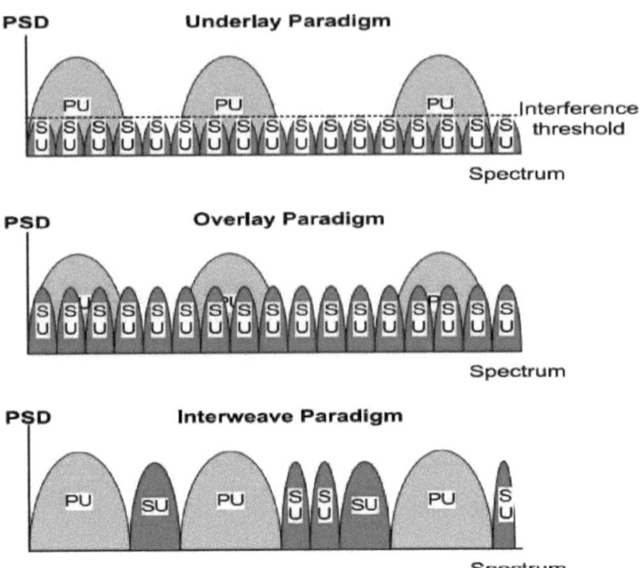

Figura 2.2. Tipos de paradigmas de RC graficamente.

2.4 Ciclo de vida das rádios cognitivas

O ciclo de vida do CR é a principal vantagem da natureza do trabalho do sistema, uma vez que cada processo depende dos resultados do processo anterior. O sistema de RC deve detetar continuamente o espetro de frequências em utilização, a fim de detetar o reaparecimento de PU. Esta e outras funções da rádio cognitiva estão contidas no ciclo cognitivo básico apresentado na figura 2.3. Quando implementado, o sistema RC passa pelas diferentes fases do ciclo cognitivo. O ciclo cognitivo determina a forma como o rádio aprende e responde ao seu ambiente operacional [8]. A partir deste ciclo, o rádio recebe dados de informação (sentidos) do ambiente operacional através da observação direta, procurando e identificando buracos espectrais. Em seguida, as informações obtidas são analisadas para confirmar as características do ambiente, ou seja, a avaliação dos buracos no espetro. Com base na avaliação destes buracos, o CR localiza as suas alternativas; escolhe uma opção de forma a melhorar a avaliação que foi feita anteriormente [14]. O rádio então usa o resultado dessas análises para melhorar a utilização do espetro em operação. Como se pode ver na figura 2.3, a primeira fase do ciclo cognitivo consiste no processo de deteção. Assim, a deteção do espetro é o processo mais importante no RC, pelo que todas as operações subsequentes dependem principalmente dela, sendo a função mais importante do processo de RC [15].

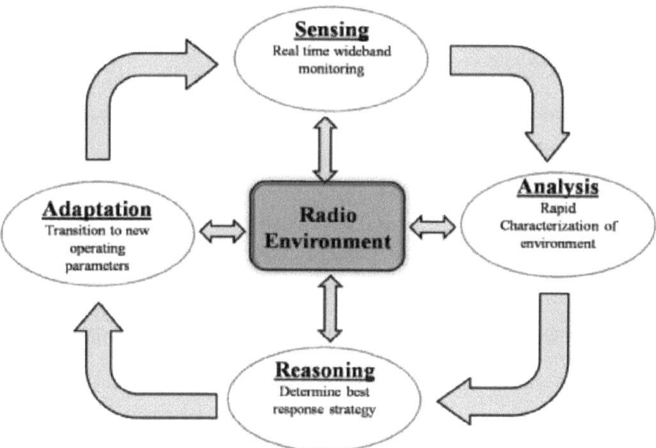

Figura 2.3. Ciclo de vida das rádios cognitivas.

Através do processo de deteção e adaptação do ambiente, o CR é capaz de explorar e preencher as lacunas disponíveis no espetro e operar o SU sem causar interferência com PU. Em última análise, um esquema de deteção de espetro deve dar uma visão global do meio em todo o espetro de rádio, o que permite ao sistema CR adaptar todos os parâmetros, a fim de garantir que o espetro é eficientemente explorado pelo SU [15]. De tudo o que precede, podemos concluir que as principais funções do CR são:

- Deteção do espetro.
- Gestão do espetro.
- Mobilidade do espetro.

- Partilha do espetro.

Na primeira função (deteção do espetro), o CR detecta o estado da PU, se a PU está na banda ou não, a segunda tarefa (gestão do espetro) é responsável pela escolha do melhor espetro para satisfazer os requisitos de comunicação, a terceira função (mobilidade do espetro) é o processo quando a SU muda a sua frequência de funcionamento, finalmente, a última função (partilha do espetro) fornece uma forma de programar o espetro de uma forma justa, esta função decide se a SU pode utilizar o buraco do espetro num determinado momento. O CR reconfigura-se para transmitir na banda primária, a reconfiguração deve ocorrer rapidamente para garantir a comunicação sem problemas durante a transição de uma banda para outra.

2.5 Deteção do espetro em sistemas de rádio cognitivos

Uma das características mais proeminentes das redes CR é a sua capacidade de alternar entre os buracos disponíveis no espetro, explorar esses buracos no espetro e ajustar os seus parâmetros de transmissão e receção em conformidade.

A deteção do espetro é um processo em que um SU pode identificar "buracos" no espaço em branco na banda de espetro do utilizador licenciado [16] [17]. Os buracos no espetro são os intervalos no espetro da PU que permitem que a SU opere. O sucesso de um utilizador cognitivo na utilização destas bandas depende da descoberta e exploração destes buracos (métodos de capacidade de deteção).

O processo de deteção do espetro é considerado a fase mais importante do sistema CR, porque, sem ele, o sistema CR não pode utilizar a banda PU. As técnicas de deteção do espetro podem ser classificadas em três tipos, como se mostra na figura 2.4.

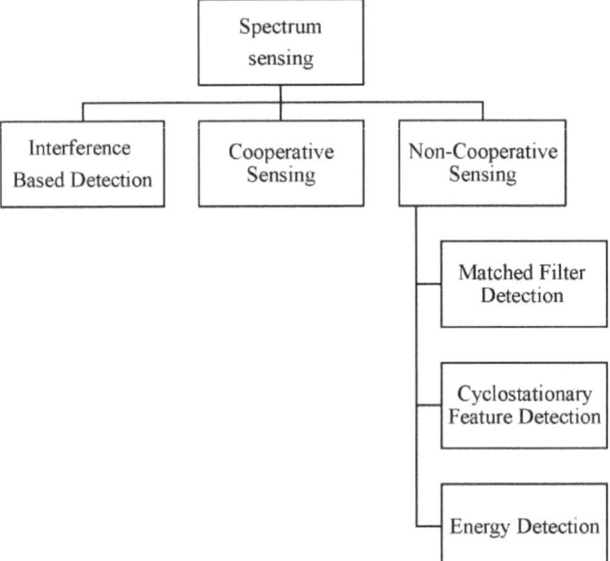

Figura 2.4. Tipos de técnicas de deteção do espetro.

2.5.1 Deteção baseada em interferências

A técnica de deteção do espetro baseada em interferências depende da deteção do recetor primário.

2.5.2 Técnica de deteção cooperativa

A deteção cooperativa permite que o SU coopere e melhore a deteção do espetro para chegar a uma conclusão mais exacta sobre a disponibilidade do espetro.

2.5.3 Técnica de deteção não cooperativa

Nas técnicas de deteção não cooperativa, o SU depende de si próprio para detetar a presença de PU e identificar os buracos e analisar os dados obtidos a fim de redefinir os parâmetros de transmissão para explorar esses buracos. Esta técnica tem três tipos, apresentados na figura 2.4

A tese centra-se na técnica de deteção não cooperativa, especificamente na técnica de deteção de energia, que é o tipo de deteção baseado na conceção do sistema de rádio cognitivo.

2.5.3.1 Filtro combinado.

A filtragem combinada é conhecida como um método ótimo para a deteção de PU quando o CR tem conhecimento da sua forma de onda [18]. É um filtro linear concebido para maximizar a relação sinal/ruído de saída para um dado sinal de entrada. O principal objetivo do filtro é reduzir o elemento de ruído e aumentar o elemento de sinal ao mesmo tempo. Na deteção por filtragem combinada, o SU é necessário para desmodular os sinais recebidos. Por conseguinte, o processo de desmodulação requer um conhecimento perfeito das características da sinalização PU, tais como o tipo de modulação, a modelação de impulsos, a largura de banda, a frequência de funcionamento e o formato dos quadros.

2.5.3.2 Característica Cicloestacionária.

A deteção de características cicloestacionárias é um dos métodos mais credíveis e precisos de deteção do espetro. A técnica de deteção de características cicloestacionárias explora a caraterística estatística incorporada num sinal PU [19]. Se a autocorrelação do sinal for uma função periódica do tempo (t), diz-se que um sinal é cicloestacionário [20]. A principal desvantagem deste método é a complexidade do cálculo.

2.5.3.3 Deteção de energia.

A técnica de deteção de energia é uma forma de detetar o sinal PU no sistema CR, quando o SU não consegue reunir informações suficientes sobre o sinal PU, então o detetor ideal é um detetor de energia, também chamado radiómetro.

É um método simples e uma forma fácil de operar o SU na banda PU, não requer informação prévia sobre o sinal PU, é uma das técnicas de deteção mais fáceis e não cooperativas no sistema CR. É a forma mais comum de detetar sinais desconhecidos.

Utilizando o método de deteção de energia, é possível determinar o estado da PU (existente ou ausente). Na maioria dos casos, o sinal que será detectado é conhecido ou desconhecido com base na sua natureza e tipo. As propriedades do sinal de PU não estão disponíveis para o detetor. No entanto, a energia do sinal a ser detectado é sempre superior à energia do ruído [21]. Assim, podemos dizer que o detetor de energia é um detetor de sinal cego porque não se preocupa com a estrutura do sinal PU.

O processo de deteção depende das amostras recebidas e depois comparadas com o valor limiar pré-determinado [22]. Se a energia do sinal se situar acima do limiar de energia, a respectiva banda de frequência parece estar ocupada; caso contrário, a banda de frequência é considerada inativa e pode ser acedida por utilizadores CR [23][24][25].

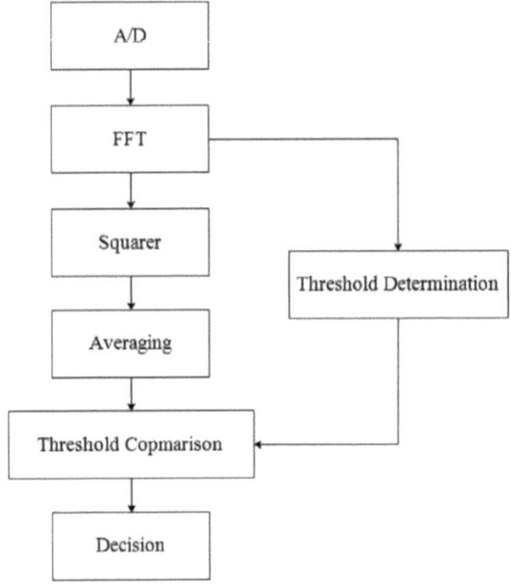

Figura 2.5. Diagrama de blocos do detetor de energia.

No início, o SU procura uma gama de frequências específica para ser utilizada, que pode ser licenciada a outro utilizador, e o sinal recebido é convertido para o domínio digital através de um conversor A/D. A Transformada Rápida de Fourier (FFT) é a fase mais importante do processo de deteção, na qual são obtidos os componentes espectrais do sinal digital. A energia do sinal pode ser obtida se a soma dos componentes espectrais quadráticos do sinal for calculada como média num determinado intervalo de tempo [28]. Em seguida, a energia calculada é comparada com um nível de limiar para determinar se a PU está presente ou ausente; se o nível de energia recebido exceder o limiar, a PU está presente; caso contrário, está ausente. O nível de limiar é o fator mais importante que determina a qualidade do detetor [26]. A Tabela 2.1 apresenta uma comparação entre os diferentes tipos de métodos não cooperativos de deteção do espetro.

Tabela 2.1. Comparação entre três tipos de métodos não cooperativos de deteção do espetro.

Método de deteção	**Vantagens**	**Desvantagens**
Deteção de energia	- Não são necessárias informações prévias - baixo custo	- Não pode funcionar em SNR baixo - não consegue distinguir PU e outros SU
Filtro combinado	- Desempenho ótimo - baixo custo	- É necessário um conhecimento prévio do sinal PU
Cicloestacionário Deteção de características	- Robusto em SNR baixo e interferência	- Informação parcial da PU - elevado custo de computação

2.6 Arquitecturas do sistema de rádio cognitivo

A arquitetura do CR pode ser dividida em 3 subsistemas, como mostra a fig. 2.6:

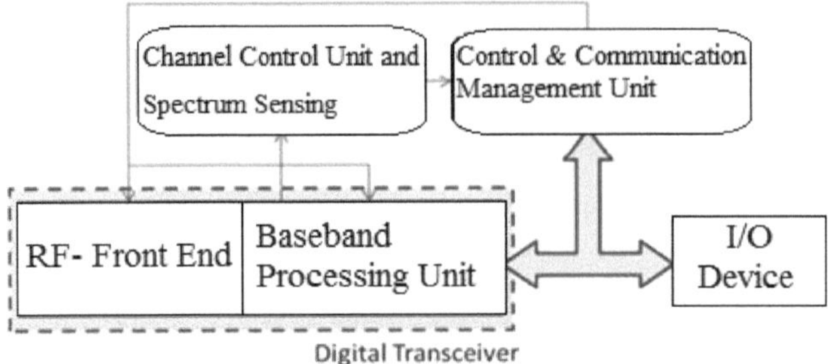

Figura 2.6. Arquitetura de rádio cognitiva.

2.6.1 Unidade de Transmissor e Recetor Digital (Transcetor).

Como mostra a fig. 2.6, o transmissor-recetor digital faz a ligação entre o dispositivo de E/S e a unidade de controlo do canal, estando dividido em duas subunidades: RF front-end e unidades de processamento de banda base [29].

2.6.1.1 RF- Front End.

O sinal recebido é amplificado e, em seguida, misturado e convertido em sinal digital por um conversor analógico-digital (A/D), sendo a capacidade de detetar o espetro de banda larga uma das características mais importantes a fornecer no transcetor cognitivo, apresentado na figura 2.7. Esta capacidade está relacionada com as unidades de hardware, tais como antenas, filtros e amplificadores. O módulo RF front-end corresponde à parte do hardware do CR cuja função é o recetor.

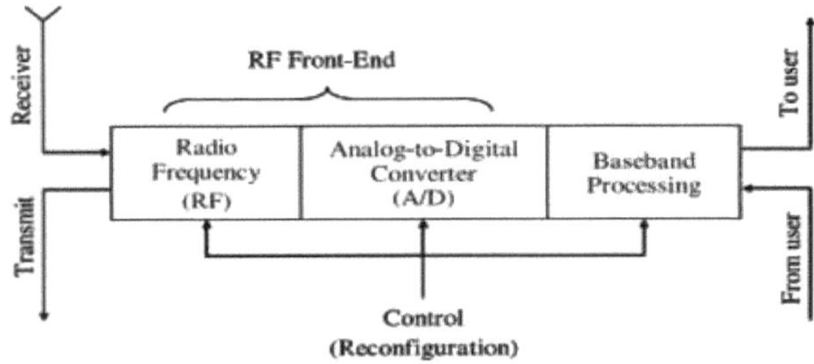

Figura 2.7. Transcetor de rádio cognitivo.

2.6.1.2 Unidade de processamento de banda base.

A unidade de processamento de banda base do sistema CR será semelhante à dos actuais emissores-receptores, mas deve ser implementada através de software. Também na unidade de processamento de banda base são realizados todos os processos necessários para processar o sinal (codificação, descodificação, modulação e desmodulação) [30].

O circuito eletrónico do equipamento frontal de radiofrequência de banda larga ilustrado na figura. 2.7 ilustrado na figura. 2.8 abaixo é constituído pelos seguintes componentes [31]:

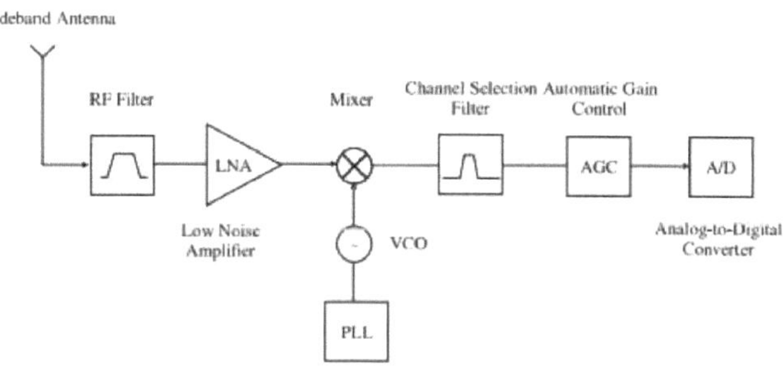

Figura 2.8. Arquitetura de front-end RF/analógico de banda larga.

- Filtro RF: A seleção da gama pretendida no filtro de RF ocorre através da passagem de um sinal de receção sem fios pelo filtro passa-banda.

- Amplificador de baixo ruído (LNA): amplifica o sinal pretendido e reduz simultaneamente o elemento de ruído.

- Misturador: No misturador, o sinal de receção é misturado com a frequência de rádio gerada localmente e passa para a banda base*d ou para a frequência intermédia (IF).

- Oscilador controlado por tensão (VCO): O VCO gera um sinal numa determinada frequência para um determinado esforço para misturar com o sinal de entrada. Este processo converte o sinal de entrada em frequência de banda base ou intermédia.

- Loop de fase bloqueada (PLL): Garante que o sinal é assegurado numa determinada frequência e também pode ser utilizado para gerar frequências e decisões precisas.

- Filtro de seleção de canais: O filtro de seleção de canais é utilizado para selecionar o canal alvo e excluir os restantes canais adjacentes. Existem dois tipos de filtros de seleção de canais. O recetor de transferência direta utiliza um filtro passa-baixo para selecionar o canal e o segundo tipo de filtros de seleção de canais é o recetor super heteródino, que se baseia na utilização de um filtro passa-banda

- Controlo automático do ganho (AGC): O AGC permite manter o nível de ganho ou a capacidade de saída do amplificador numa vasta gama de níveis de sinal de entrada.

1.1.2 Unidade de Controlo de Canais e Deteção de Espectro.

Controlo do canal e sensor de espetro, capaz de obter informações do ambiente de rádio circundante através de técnicas de deteção do espetro para identificar os buracos e enviá-los para o sistema de gestão das comunicações. O CR pode ajustar os parâmetros no front-end RF e na unidade de processamento de banda base.

1.1.3 Unidade de Gestão de Controlo e Comunicação.

Como mostra a figura. 2.6 A unidade de gestão do controlo e das comunicações faz parte da arquitetura dos RC e gere todas as operações dos RC, nomeadamente as decisões sobre o estado dos comutadores e a pesquisa de deteção do espetro com base nos valores fornecidos pelas medidas de desempenho.

2.7 Vantagens das redes cognitivas

Há muitas vantagens e benefícios da tecnologia CR. A CR é uma nova tecnologia que oferece muitas soluções para os problemas do espetro de radiofrequências e oferece vantagens mais do que o esperado.

2.7.1 Ultrapassar o problema da escassez do espetro de radiofrequências.

Ao detetar a utilização do espetro, os rádios cognitivos podem emitir em espetro radioelétrico não utilizado, evitando simultaneamente interferências com o funcionamento do titular da licença principal [32].

2.7.2 Evitar a interferência intencional de rádio.

Ao detetar a disponibilidade de canais e mesmo ao prever as tácticas do empastelador, o CR pode evitar o empastelamento mudando de forma dinâmica e preventiva para canais de maior qualidade [32].

2.7.3 Melhorar a qualidade do serviço.

Ao detetar interferências de rádio ambientais e artificiais inadvertidas, os rádios cognitivos podem selecionar canais de frequência com um rácio sinal/ruído (SNR) mais elevado [32].

2.8 Aplicação do sistema de rádio cognitivo

Atualmente, os sistemas CR têm sido aplicados em muitos domínios, por exemplo:

2.8.1 Rede militar.

Uma das aplicações mais importantes que pode ser utilizada em CR é o ambiente de rádio militar. O sistema CR permite que os rádios militares seleccionem a largura de banda adequada, a frequência intermédia (FI), a modulação e os esquemas de codificação adaptados aos ambientes de rádio variáveis do campo de batalha. Além disso, as redes militares necessitam de segurança e de comunicações num ambiente hostil. O sistema CR pode permitir que os soldados militares encontrem o espetro que proporciona segurança e assistência à informação [33].

2.8.2 Rede de emergência.

CR ser implementadas em caso de catástrofes naturais, que podem causar perturbações ou destruição das infra-estruturas de comunicação, o pessoal de emergência que trabalha nas zonas sinistradas precisa de estabelecer redes de emergência. Uma vez que as redes de emergência lidam com informações críticas, as comunicações de emergência exigem uma grande quantidade de espetro radioelétrico para lidar com um grande volume de tráfego, incluindo voz, vídeo e dados. A tecnologia CR permite a utilização do espetro atual sem necessidade de criar uma infraestrutura, mantendo a prioridade das comunicações e o tempo de resposta [33].

2.8.3 Rede alugada.

A rede primária pode fornecer uma rede alugada, permitindo o acesso oportunista ao seu espetro licenciado com o acordo de um terceiro, sem sacrificar a qualidade do serviço da PU [33].

Capítulo III

Metodologia

3.1Análise descritiva

O MATLAB Simulink foi utilizado para conceber um modelo de simulação para simular o sistema CR, medindo a BER em relação à SNR, sendo a BER o fator mais importante utilizado para determinar a eficiência da transmissão digital do sistema. O esquema de simulação CR consiste em: Bloco PU, bloco SU, sistema CR, deteção de energia, calculadora BER com erro de monitoramento de taxa de bits. O PU é o proprietário legal da banda de espetro, outros utilizadores tentam utilizar esta banda se o PU estiver ausente, a figura 3.1 mostra o diagrama de blocos do PU na simulação.

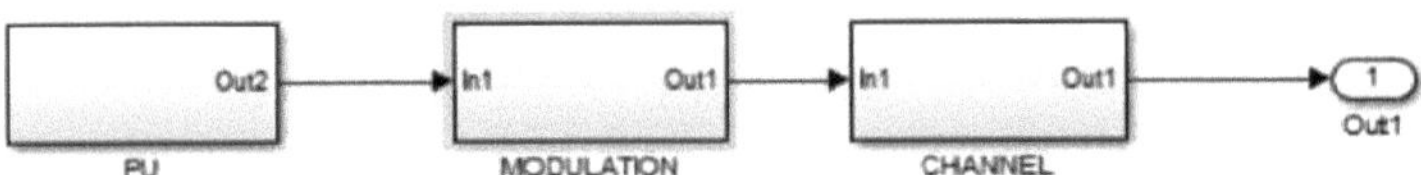

Figura 3.1. Diagrama de blocos do utilizador primário em Simulink.

O SU pode ser o exército, a polícia e as forças de emergência através da utilização do espetro de radiofrequências para fornecer serviços como chamadas de emergência e aplicações de segurança pública. O SU utiliza a mesma tecnologia que o PU, a diferença é que apenas o PU tem a licença. O CR dá a oportunidade de enviar o sinal SU na banda PU. Ao estudar o ambiente vizinho. A deteção de energia é uma das técnicas importantes utilizadas no CR como orientação do SU para detetar espaços em branco (buracos) no espetro do PU. A técnica de deteção de energia foi concebida para detetar ondas de rádio em função do seu nível de energia. A figura 3.2 abaixo mostra o diagrama de blocos do detetor de energia implementado no sistema CR.

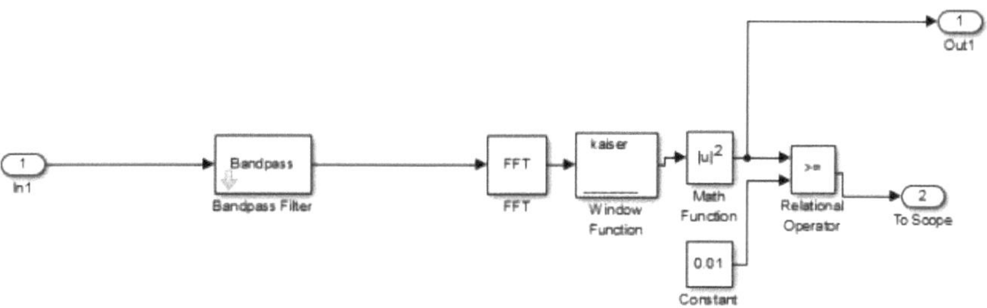

Figura 3.2. Diagrama de blocos do detetor de energia implementado em Simulink.

O sistema CR ajusta os seus parâmetros de acordo com o ambiente circundante e impede qualquer interferência entre (PU & SU) na mesma banda de frequência.

A taxa de erro é calculada a partir dos dados enviados pela SU, utilizando a unidade de cálculo BER no modelo CR Simulink mostrado na figura 3.3

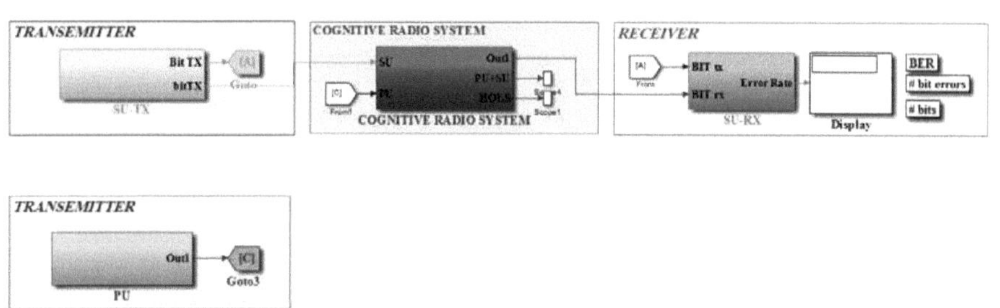

Figura 3.3. Modelo Simulink do Sistema de Rádio Cognitivo.

3.2Modelo matemático

Taxa de erro de bit estimada calculada como:

$$\text{BER}=\frac{\text{Number of error bits}}{\text{Number of total bits}} \tag{3.1}$$

3.2.1 Desempenho BER de diferentes esquemas de modulação em canais AWGN, Rayleigh e Rician Fading.

A probabilidade de erro de bit $P_{й}$, muitas vezes referida como BER, é uma medida de desempenho mais adequada para avaliar um esquema de modulação. O desempenho BER de qualquer esquema de modulação digital num canal de desvanecimento pode ser calculado através da equação 3.2,

$$P_b = \int_0^{\infty} Pb, AWGN(\gamma) P_{df}(\gamma) d\gamma \quad (3.2)$$

Em que Pb, AWGN(γ) é a probabilidade de erro de um determinado esquema de modulação num canal AWGN com um rácio sinal/ruído específico $\gamma = h^2 \frac{E_b}{N_0}$. Aqui, a variável aleatória h é o ganho do canal, $\frac{E_b}{N_0}$ é a relação entre a energia dos bits e a densidade de potência do ruído num canal AWGN sem desvanecimento, a variável aleatória h^2 representa a potência instantânea do canal com desvanecimento e P_{df} (γ) é a função de densidade de probabilidade de γ devido ao canal com desvanecimento.

3.2.1.1 BER da modulação M-PSK e M-QAM no canal AWGN.

Sabe-se que a BER do M-PSK no canal AWGN é dada por [34]:

$$BER_{M-PSK} = \frac{2}{log_2 M} Q\left(\sqrt{\frac{2E_b \, log_2 M}{N_o}} \, sin\frac{\pi}{M}\right) \quad (3.3)$$

Caso especial *deM=2*, BPSK, a Eq. (3.2) reduz-se a

$$BER_{BPSK} = Q\left(\sqrt{\frac{2E_b}{N_\circ}}\right) \quad (3.4)$$

Onde

$$Q(x) = \frac{1}{\sqrt{2\pi}} \int_x^{\infty} exp\left(-\frac{y^2}{2}\right) dy \quad (3.5)$$

A equação (3.3) pode ser reescrita como:

$$BER_{BPSK,AWGN} = \frac{1}{2} erfc\left(\sqrt{\frac{E_b}{N_\circ}}\right) \quad (3.6)$$

Em que erfc é a função de erro complementar e $\frac{E_b}{N_0}$ é a relação entre a energia do bit e o ruído. O erfc pode ser relacionado com a função Q como:

$$Q(x) = \frac{1}{2} erfc\left(\frac{x}{\sqrt{2}}\right) \quad (3.7)$$

3.2.1.2

BER da modulação M-PSK e M-QAM no canal Rayleigh Fading.

Para os canais de desvanecimento de Rayleigh, h é distribuído por Rayleigh, h^2 tem uma distribuição qui-quadrado com dois graus de liberdade. Assim sendo,

$$P_{df}(\gamma) = \frac{1}{\gamma} \exp(-\frac{\gamma}{\bar{\gamma}}) \quad (3.8)$$

Onde $\gamma = \frac{E_b}{N_0} E[h^2]$ é a relação sinal/ruído média. ParaE$[h^2] = 1$, $\bar{\gamma}$ corresponde à média $\frac{E_b}{N_0}$ para o canal de desvanecimento. Usando as Eqs. (3.1) e (3.3), a BER para um canal de desvanecimento Rayleigh com modulação BPSK pode ser expressa como [35] [36]:

$$Pb = 0.5*[\, 1 - \sqrt{\frac{\gamma b}{\gamma b+1}}\,] \quad (3.9)$$

3.2.1.3 BER da modulação M-PSK e M-QAM no canal de desvanecimento Rician.

A estimativa da probabilidade de erro para a sinalização BPSK linear em canais com desvanecimento Rician está bem documentada em [37] e é dada como

$$P_b = Q1(a,b) - \frac{1}{2}\left[1 + \sqrt{\frac{d}{d+1}}\right] exp\left(-\frac{a^2+b^2}{2}\right) I_o(ab) \quad (3.10)$$

$$a = \left[\frac{K_r{}^2[1+2d-2\sqrt{d(d+1)}]}{2(d+1)}\right],\ b=\left[\frac{K_r{}^2[1+2d+2\sqrt{d(d+1)}]}{2(d+1)}\right]$$

Onde: $K_r = \frac{\alpha^2}{2\sigma^2}$, $d = \sigma^2 \frac{E_b}{N_o}$

Em que o parâmetro Kr é o fator Rician.

Para constelações quadradas de QAM, em que $\kappa = log_2$ M(3.11)

A taxa de erro de símbolo é dada por: [38- 39]

$$P_s = 4\frac{\sqrt{M}-1}{\sqrt{M}} Q\left(\sqrt{\frac{3}{M-1}\frac{k\,E_b}{N_o}}\right) - 4\left(\frac{\sqrt{M}-1}{\sqrt{M}}\right)^2 Q^2\left(\sqrt{\frac{3}{M-1}\frac{k\,E_b}{N_o}}\right) \quad (3.12)$$

Enquanto a BER de acordo com [40] é:

$$P_b = \frac{2}{\sqrt{M}\, log_2\sqrt{M}} \times \sum_{k=1}^{log_2\sqrt{M}} \sum_{i=0}^{(1-2^{-k})\sqrt{M}-1} \left\{ (-1)^{\left\lfloor \frac{i2^{k-1}}{\sqrt{M}} \right\rfloor} \left(2^{k-1} - \left\lfloor \frac{i2^{k-1}}{\sqrt{M}} + \frac{1}{2} \right\rfloor \right) Q\left((2i+1)\sqrt{\frac{6log_2M\, E_b}{2(M-1)N_o}} \right) \right\} \quad (3.13)$$

For cross shaped QAM where $k = log_2M$ is odd, M=IxJ,$I = 2^{\frac{k-1}{2}}$ and$J = 2^{\frac{k+1}{2}}$ and the symbol error rate is given by:

$$P_s = \frac{4IJ-2I-2J}{M} \times Q\left(\sqrt{\frac{6log_2(IJ)E_b}{I^2+J^2-2)N_o}}\right) - \frac{4}{M}(1+IJ-I-J)Q^2\left(\sqrt{\frac{6log_2(IJ)}{(I^2+J^2-2N_o)}}\right) \quad (3.14)$$

A partir de [43], a BER para QAM modelado é dada por:

$$P_b = \frac{1}{log_2(IJ)}\left(\sum_{k=1}^{log_2 I} P_I(k) + \sum_{i=1}^{log_2 J} P_J(I) + \right) \quad (3.16)$$

Onde,

$$P_i(k) = \frac{2}{I}\sum_{i=0}^{(1-2^{k-1})I-1} \left\{ (-1)^{\left\lfloor \frac{2^{k-1}}{I} \right\rfloor} \left(2^{k-1} - \left\lfloor \frac{i2^{k-1}}{I} + \frac{1}{2} \right\rfloor \right) Q\left((2i+1)\sqrt{\frac{6\, log_2(IJ)E_b}{I^2+J^2-2N_o}} \right) \right\} \quad (3.17)$$

E

$$P_j(k) = \frac{2}{J}\sum_{j=0}^{(1-2^{k-1})J-1} \left\{ (-1)^{\left\lfloor \frac{j2^{k-1}}{J} \right\rfloor} \left(2^{I-1} - \left\lfloor \frac{j2^{j-1}}{J} + \frac{1}{2} \right\rfloor \right) Q\left((2i+1)\sqrt{\frac{6log_2(IJ)E_b}{I^2+J^2-2N_o}} \right) \right\} \quad (3.18)$$

3.3 Modelo informático

Os procedimentos que seguimos para desenvolver o modelo informático

O modelo do simulador CR é apresentado resumidamente da seguinte forma: i. Primeiro, geramos um fluxo de dados aleatório de 86400 bits de comprimento como o nosso dados binários de entrada utilizando o gerador binário de Bernoulli.

ii. São utilizadas várias técnicas de modulação digital M-PSK e M-QAM para modular os dados, o sinal modulado passa através de canais AWGN, Rayleigh e Rician.

iii. A deteção do espetro é feita através da utilização da unidade de deteção de energia para fornecer o estado do ambiente adjacente do sistema cognitivo e detetar buracos na frequência primária. Se o sinal primário for detectado, o sistema CR começará a analisar o ambiente PU e escolherá a frequência para operar o sinal secundário dentro dos buracos do espetro primário, se o sinal primário não for detectado. A unidade de deteção de energia continuará a procurar determinar o esquema do sinal da PU.

iv. A implementação do sistema CR baseia-se no estado do esquema de sinal PU, nos buracos no espetro e no período de inatividade do espetro. Em caso de disponibilidade de espetro, o SU pode explorar os buracos no espetro da PU, caso contrário, o sistema CR fica inativo.

v. Depois de o sistema CR conseguir utilizar com êxito o espetro não licenciado, calcula-se a BER.

3.4Programa de simulação

O MATLAB Simulink foi utilizado para estimar a taxa de erro de bit em diferentes valores de SNR e canal de desvanecimento. Os resultados de desempenho são apresentados e analisados para o sistema CR utilizando diferentes esquemas de modulação digital. Há várias razões para selecionar o MATLAB Simulink para conceber um sistema CR baseado em técnicas de deteção de energia:

- Desempenho de alta velocidade.
- Fornece um sistema de ambiente de simulação realista.
- Contém muitas das ferramentas adequadas para conceber e testar o modelo com elevada eficiência.
- Pode ser utilizado para implementar componentes de hardware.
- Funciona em diferentes sistemas operativos, ou seja, Windows, Linux, etc.

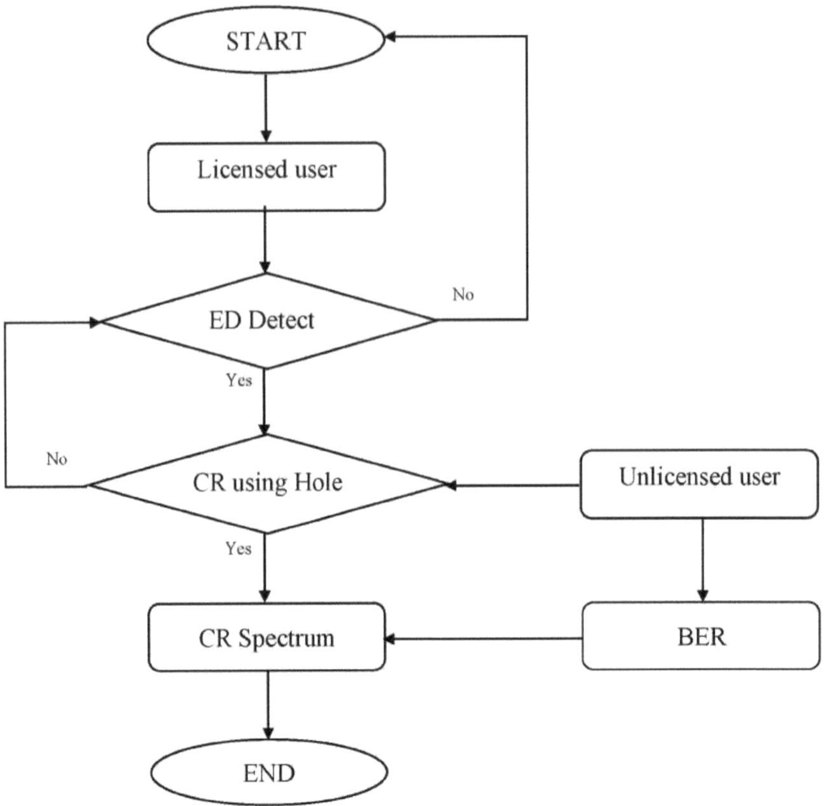

Figura 3.3. Algoritmo CR para deteção não cooperativa utilizando a técnica de deteção de energia.

Capítulo IV

Resultados e discussões

4.1 Análise de desempenho do projeto de um sistema de rádio cognitivo usando M-PSK & M-QAM em canal AWGN.

Os parâmetros do modelo foram configurados de acordo com a tabela 4.1 abaixo:

Tabela 4.1. Parâmetros de configuração da simulação CR para M-PSK e M-QAM num canal sem desvanecimento.

Parâmetro	Valor
Gama SNR	0-30 dB
Técnica de modulação	M-PSK , M-QAM
Ordem de modulação	2, 4, ..., 64
Canal	AWGN
Tempo de amostragem	1 s
Tempo de simulação	24 horas = 86400 s
Fonte de dados	Gerador de binários Bernoulli
Potência do sinal de entrada	1Watt

4.1.1 Análise de desempenho do projeto de um sistema de rádio cognitivo usando M-PSK em canal AWGN.

No ambiente de simulação CR apresentado na figura. 3.3 e configurado como na tabela 4.1 (definindo técnicas de modulação para M-PSK e ordem de modulação igual a 2), a BER teórica foi comparada com os resultados da simulação utilizando diferentes valores de SNR e os resultados são mostrados na tabela 4.2 abaixo.

Tabela 4.2. comparação entre os resultados teóricos e de simulação do sistema CR usando BPSK no canal AWGN

SNR(dB)		0	2	4	6	8	10
RIC	Teórico	0.07864	0.0375	0.0125	0.0024	1.90e-04	3.87e-06
	Simulação	0.07765	0.03652	0.0111	0.00216	0.0002	0

A figura 4.1 abaixo mostra a representação gráfica dos resultados explicados na tabela 4.2.

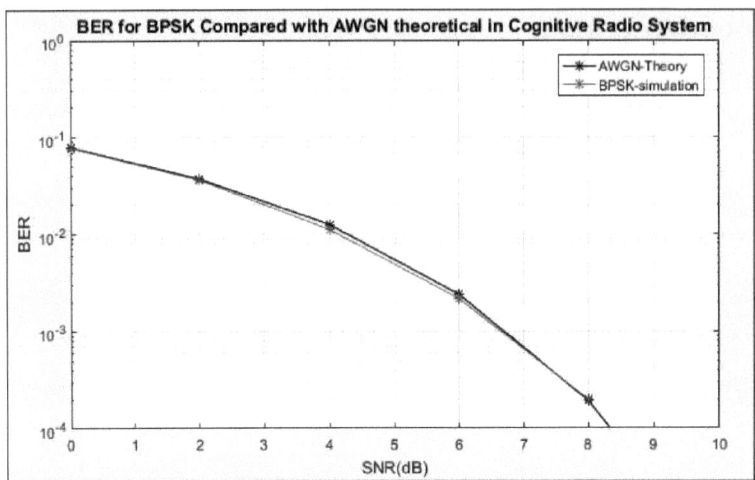

Figura 4.1. Compressão BER da Teoria e da Simulação no Sistema CR usando BPSK no Canal AWGN.

Como se pode ver na figura 4.1, existe uma boa afinidade entre os resultados teóricos e os resultados da simulação.

Ao alterar a ordem de modulação na tabela 4.1 para M=2, 4 e depois M=8, os resultados da simulação são apresentados na tabela 4.3 abaixo.

Tabela 4.3. Resultados da simulação do sistema CR usando BPSK, QPSK e 8- PSK no canal AWGN

SNR(dB)		0	4	8	12
RIC	BPSK	0.07765	0.0111	0.0002	0
	QPSK	0.1512	0.02428	0.00044	0
	8-PSK	0.3471	0.1363	0.01786	0.000197

A figura 4.2 abaixo mostra a representação gráfica dos resultados explicados na tabela 4.3.

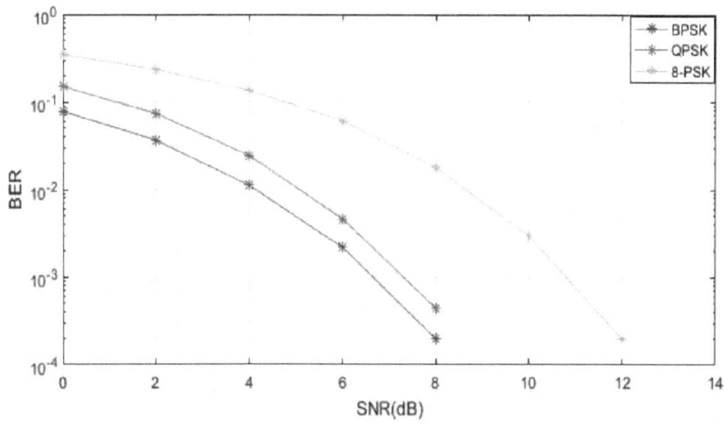

Figura 4.2. Compressão BER entre BPSK, QPSK e 8-PSK em canal AWGN.

A Figura 4.2 mostra a análise de desempenho das técnicas de modulação BPSK, QPSK e 8-PSK em canais AWGN, como mencionado, o BPSK tem menor BER do que o QPSK e o 8-PSK, Quando a SNR foi de 4dB, o BER no BPSK é igual a 0,0111, no QPSK é igual a 0,02428, e no 8-PSK foi cerca de 0,1363. Quando a SNR era de 8dB, a BER do BPSK era igual a 0, a do QPSK era igual a 0,0004398 e a do 8-PSK era superior a 10^{-2} (exatamente igual a 0,01786).

Ao alterar a ordem de modulação na tabela 4.1 para M=16, 32 e depois M=64, os resultados da simulação são apresentados na tabela 4.4 abaixo.

Tabela 4.4. Resultados da simulação do sistema CR utilizando 16-PSK, 32-PSK e 64-PSK no canal AWGN

SNR(dB)		0	6	8	14	20
	16-PSK	0.53	0.2141	0.1183	0.001829	0
	32-PSK	0.7533	0.5338	0.4	0.1193	0.00168
RIC	64-PSK	0.8638	0.7326	0.6665	0.3908	0.08958

A figura 4.3 abaixo mostra a representação gráfica dos resultados explicados na tabela 4.4.

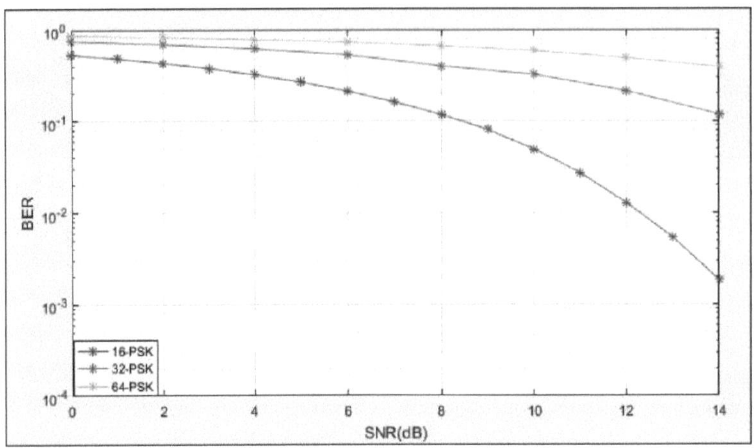

Figura 4.3. Compressão de BER entre 16-PSK, 32-PSK e 64-PSK em canal AWGN.

A Figura 4.3 mostra a análise de desempenho das técnicas de modulação 16-PSK, 32-PSK e 64-PSK em canais AWGN, nota-se que a 16-PSK tem BER menor que a 32-PSK e 64-PSK, Quando a SNR foi de 6 dB, a BER da 16-PSK é igual a 0,2141, na 32-PSK é igual a 0,5338 e na 64-PSK é em torno de 0,7326. Também quando a SNR foi de 14 dB, a BER do 16-PSK é igual a 0,001829, sendo mais próxima de zero do que a do 32-PSK e 64-PSK. Como mostra a figura 4.3, a taxa de dados em 64-PSK é maior do que em 16-PSK e 32-PSK porque a taxa de símbolos em 64-PSK é 1/6.

Alterando a ordem de modulação na tabela 4.1 de M=2 até M=64, os resultados da simulação são mostrados na tabela 4.5 abaixo.

Tabela 4.5. Resultados da simulação do sistema CR usando M-PSK no canal AWGN.

SNR(dB)		0	2	4	6	8	14	20
	BPSK	0.0776	0.0365	0.0111	0.0021	0.0002	0	0
	QPSK	0.1512	0.0737	0.0242	0.0046	0.00043	0	0
	8-PSK	0.3471	0.2369	0.1363	0.0604	0.01786	0	0
	16-PSK	0.53	0.4335	0.3241	0.2141	0.1183	0.00182	0
	32-PSK	0.7533	0.6935	0.6205	0.5338	0.421	0.1193	0.0016
RIC	64-PSK	0.8638	0.8291	0.7851	0.7326	0.6665	0.3908	0.0895

A figura 4.4 abaixo mostra a representação gráfica dos resultados explicados na tabela 4.5.

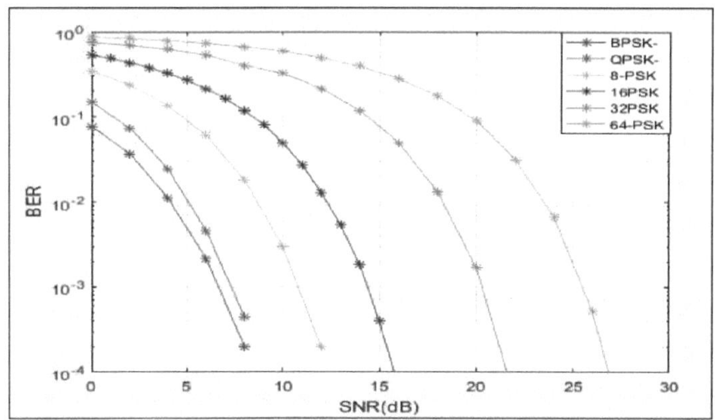

Figura 4.4. Compressão BER entre diferentes M-PSK em canal AWGN.

A Figura 4.4 mostra a análise de desempenho das técnicas de modulação M-PSK no canal AWGN. Notou-se que o BPSK tem a menor BER em relação aos outros tipos de M-PSK, por exemplo, quando a SNR era 0 dB a BER do BPSK era próxima de IO^{-1} (exatamente 0,07765) onde nos outros M-PSK era em torno de 0,2, também quando a SNR era 8 dB, a BER do BPSK era igual a 0, mas no 64-PSK era igual a 0 quando a SNR era igual a 30 dB . Também notamos que quando a taxa de dados aumenta, a BER também aumenta, isso é claro no caso do 64-PSK comparado com o BPSK. Como se pode ver na figura 4.5, quando a SNR aumenta, a BER diminui em todas as técnicas de modulação M-PSK.

4.1.2 Análise de desempenho do projeto de um sistema de rádio cognitivo utilizando M- QAM no canal AWGN.

No ambiente de simulação CR mostrado na Fig. 3.3 e configurado como na tabela 4.1 (definindo técnicas de modulação como M-QAM e ordem de modulação igual a 4, 8 e 16), os resultados da simulação são mostrados na tabela 4.6 abaixo.

Tabela 4.6. Resultados da simulação do sistema CR utilizando 4-QAM, 8-QAM e 16-QAM no canal AWGN

SNR(dB)		0	2	4	6	12
RIC	4-QAM	0.07553	0.03686	0.01196	0.00232	0
	8-QAM	0.09726	0.06582	0.03659	0.01484	0.00002
	16-QAM	0.1031	0.0748	0.4656	0.0228	0.0001

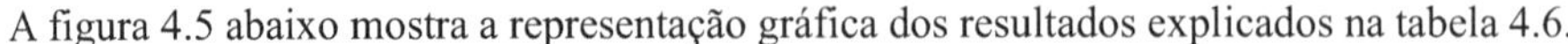

A figura 4.5 abaixo mostra a representação gráfica dos resultados explicados na tabela 4.6.

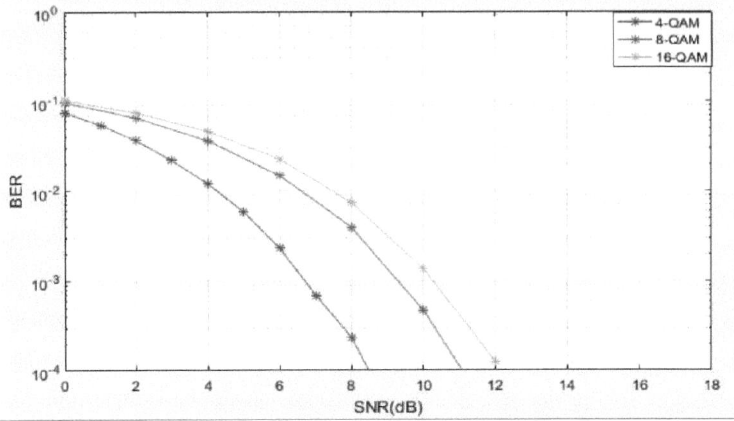

Figura 4.5. Compressão BER entre 4-QAM, 8-QAM e 16-QAM no canal AWGN.

A Figura 4.5 mostra a análise de desempenho das técnicas de modulação 4-QAM, 8-QAM e 16-QAM no canal AWGN. O 4-QAM tem uma BER mais baixa do que o 8-QAM e o 16QAM. Por exemplo, quando a SNR é de 2 dB, a BER do 4-QAM é igual a 0,03686 , a do 8-QAM e a do 16-QAM é de cerca de 0,1. Também quando a SNR é de 12 dB, a BER do 4-QAM é igual a 0, a do 8-QAM é igual a 0,00002 e a do 16-QAM é superior al0^{-4} .

Ao alterar a ordem de modulação na tabela 4.1 para M= 32 e M=64, os resultados da simulação são apresentados na tabela 4.7 abaixo.

Tabela 4.7. Resultados da simulação do sistema CR usando 32-QAM e 64-QAM no canal AWGN.

SNR(dB)		0	2	4	8	14
RIC	32-QAM	0.1076	0.08653	0.06252	0.01892	0.000111
	64-QAM	0.1015	0.08852	0.07292	0.0354	0.001485

A figura 4.6 abaixo mostra a representação gráfica dos resultados explicados na tabela 4.7.

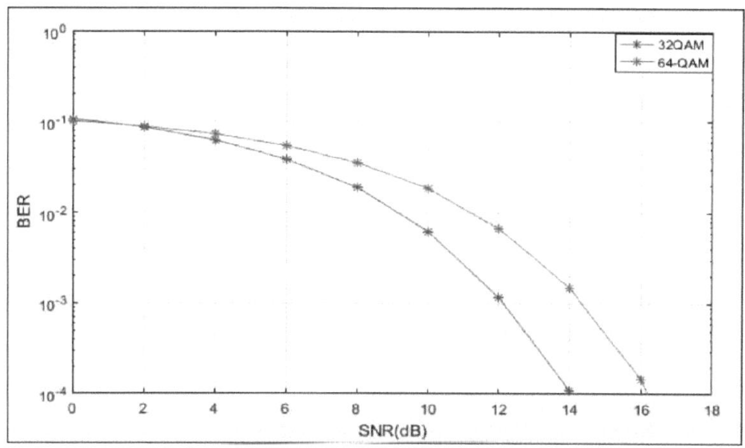

Figura 4.6. Compressão BER entre 32-QAM e 64-QAM em canal AWGN.

A Figura 4.6 mostra que o 32-QAM tem uma BER mais baixa do que o 64-QAM. Por exemplo, quando a SNR era de 4 dB, a BER em 32-QAM era inferior al0^{-1} , e em 64-QAM era igual a 0,07292, também quando a SNR era de 14 dB, a BER em 32-QAM era igual a 0,000111, e em 64-QAM era superior al0^{-3} .

Ao definir a ordem de modulação na tabela 4.1 para M-QAM de M=4 até M=64, os resultados da simulação são apresentados na tabela 4.8.

Tabela 4.8. Resultados da simulação do sistema CR usando M-QAM no canal AWGN.

SNR(dB)		0	2	4	8	12	20
	4- QAM	0.07553	0.03686	0.01196	0.00023	0	0
	8- QAM	0.09726	0.06582	0.03659	0.003927	0.00002701	0
	16- QAM	0.1031	0.0748	0.4656	0.0074	0.000127	0
	32- QAM	0.1076	0.08653	0.06252	0.01892	0.001163	0
RIC	64- QAM	0.1015	0.08852	0.07292	0.0354	0.006721	0

A figura 4.7 abaixo mostra a representação gráfica dos resultados explicados na tabela 4.8.

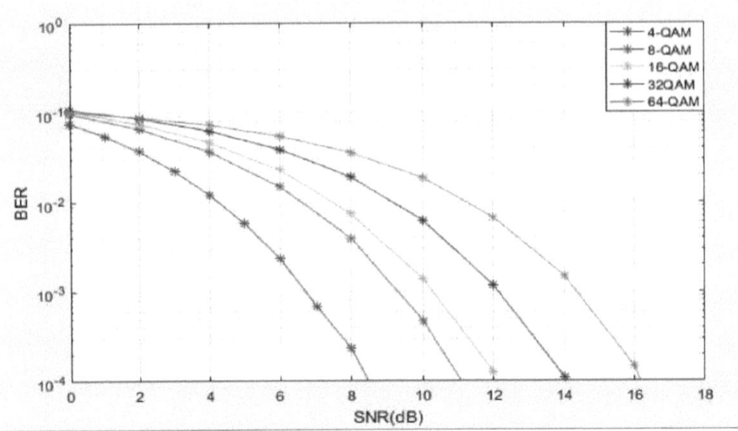

Figura 4.7. Compressão BER entre diferentes M-QAM no canal AWGN.

A Figura 4.7 mostra a análise de desempenho de todas as técnicas de modulação M-QAM no canal AWGN. Notou-se que o 4-QAM tem a BER mais baixa em comparação com os outros tipos de M-QAM, quando a SNR era de 0 dB, a BER do 4-QAM era de 0,07553, enquanto a outra modulação M-QAM é de cerca de 0,1, também quando a SNR era de 12 dB, a BER do 4-QAM era igual a 0, mas a do 64-QAM era igual a 0 quando a SNR era igual a 20 dB.

4.2 Análise de desempenho do sistema de rádio cognitivo usando M-PSK e M-QAM no canal Rayleigh Fading.

O parâmetro do modelo foi configurado como indicado na tabela 4.9 abaixo:

Tabela 4.9. Parâmetros de configuração da simulação CR para M-PSK & M- QAM no canal de desvanecimento Rayleigh.

Parâmetro	Valor
Gama SNR	0-30 dB
Técnica de modulação	M-PSK E M-QAM
Canal	Rayleigh
Tempo de amostragem	1 s
Tempo de simulação	24 horas = 86400 s

Fonte de dados	Gerador de binários Bernoulli
Desvio Doppler Frequência	0,01 Hz Com o modelo de Jakes
Potência do sinal de entrada	1Watt
Desvio Doppler difuso máximo	0,1 Hz

4.2.1 Análise de desempenho do projeto de um sistema de rádio cognitivo usando M-PSK no canal de desvanecimento Rayleigh.

No ambiente de simulação CR mostrado na fig. 3.3 e configurado como na tabela 4.9 (definindo técnicas de modulação para M-PSK e ordem de modulação igual a 2), a BER teórica foi comparada com os resultados da simulação usando diferentes valores de SNR e os resultados são mostrados na tabela 4.10 abaixo.

Tabela 4.10. Comparação entre os resultados teóricos e de simulação do sistema CR usando BPSK no canal de desvanecimento Rayleigh.

SNR(dB)		0	5	10	15	20	25	30
RIC	Teórico	0.1464	0.0642	0.0233	0.0077	0.0025	7.8e-04	2.4e-04
	Simulação	0.1472	0.0643	0.0236	0.00730	0.0023	0.0006366	0.000150

Figure 4.8 abaixo, a representação gráfica dos resultados explicados no quadro 4.10.

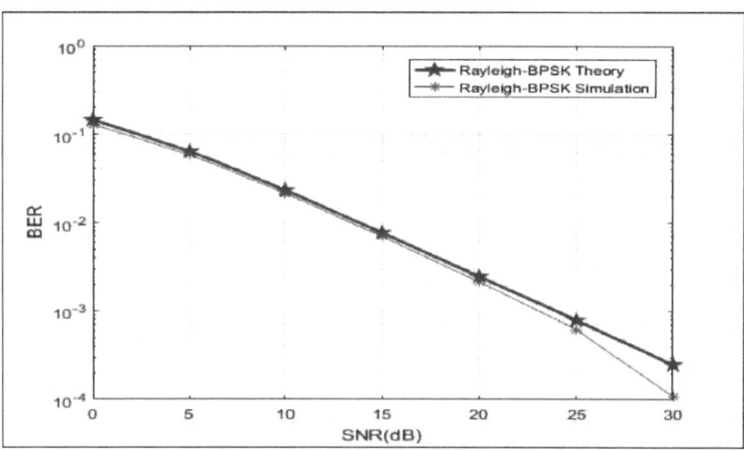

Figura 4.8. BPSK teórico e simulação no canal Rayleigh Fading.

Como mostra a Fig. 4.8, existe uma boa afinidade entre os resultados teóricos e os resultados da simulação.

Ao definir a ordem de modulação na tabela 4.9 para M=2, 4 e depois M=8, os resultados da simulação são mostrados na tabela 4.11 abaixo.

Tabela 4.11. Resultados da simulação do sistema CR usando BPSK, QPSK e 8- PSK no canal de desvanecimento Rayleigh.

SNR(dB)		0	5	15	30
RIC	BPSK	0.1296	0.05855	0.007002	0.00011
	QPSK	0.1472	0.06434	0.007303	0.0001505
	8-PSK	0.145	0.07813	0.01141	0.0003009

Figure 4.9 O quadro seguinte mostra a representação gráfica dos resultados apresentados no quadro 4.11.

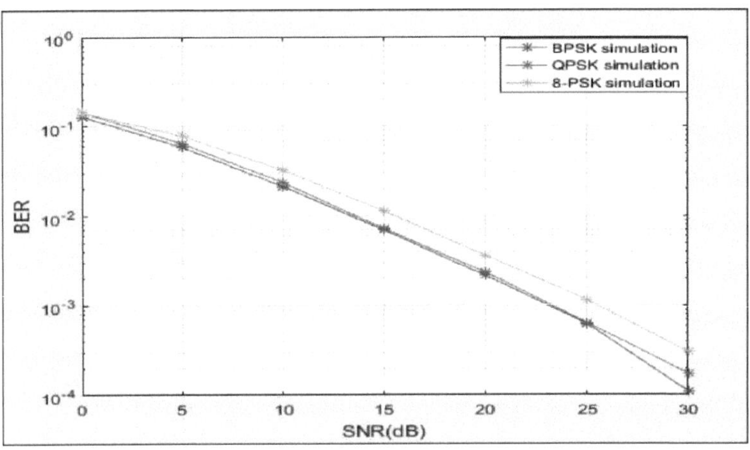

Figura 4.9. Compressão da BER entre BPSK&QPSK&8-PSK no canal Rayleigh Fading.

A Figura 4.9 mostra a análise de desempenho das técnicas de modulação BPSK, QPSK e 8-PSK em canais com desvanecimento Rayleigh, notando-se que o BPSK possui BER menor que o QPSK e o 8-PSK. Por exemplo, quando a SNR é de 5dB, a BER do BPSK é igual a 0,05855, a do QPSK é igual a 0,06434 e a do 8-PSK é cerca de 0,07813.

Ao definir a ordem de modulação na tabela 4.9 para M=16, 32 e depois M=64, os resultados da simulação são apresentados na tabela 4.12 abaixo.

Tabela 4.12. Resultados da simulação do sistema CR utilizando 16-PSK, 32-PSK e 64-PSK no canal de desvanecimento Rayleigh

SNR(dB)		0	5	15	30
RIC	16-PSK	0.1578	0.1074	0.02275	0.0007552
	32-PSK	0.1568	0.1272	0.04496	0.002007
	64-PSK	0.1468	0.1319	0.07353	0.005664

Figure 4.10 O quadro seguinte mostra a representação gráfica dos resultados apresentados no quadro 4.12.

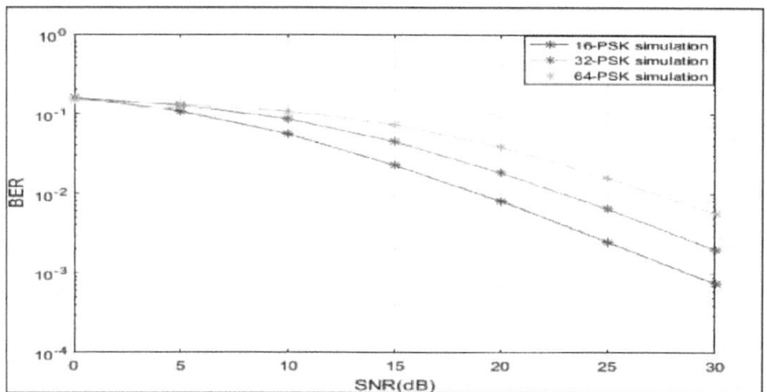

Figura 4.10. Compressão da BER entre 16-PSK&32-PSK&64-PSK no canal Rayleigh Fading.

A Figura 4.10 mostra a análise de desempenho das técnicas de modulação 16-PSK, 32-PSK e 64-PSK em canais com desvanecimento Rayleigh. A 16-PSK tem uma BER mais baixa do que a 32-PSK e a 64-PSK. Por exemplo, quando a SNR era de 5dB, a BER em 16-PSK era igual a 0,1074, em 32-PSK era igual a 0,1266 e em 64-PSK era de cerca de 0,1314. Como se pode ver na fig.4.11, a taxa de dados em 64-PSK era superior à de 16-PSK e 32-PSK porque a taxa de símbolos em 64-PSK é de 1/6. Ao alterar a ordem de modulação na tabela 4.9 de M=2 para M=64, os resultados da simulação são mostrados na tabela 4.13 abaixo.

Tabela 4.13. Resultados da simulação do sistema CR usando M-PSK no canal de desvanecimento Rayleigh.

SNR(dB)		0	5	10	15	20	25	30
RIC	BPSK	0.1296	0.05855	0.02142	0.007002	0.002159	0.000619	0.00011
	QPSK	0.1472	0.06434	0.02363	0.007303	0.00235	0.000636	0.0001505

8-PSK	0.145	0.07813	0.03249	0.01141	0.003642	0.001146	0.0003009
16-PSK	0.1578	0.1074	0.05569	0.02275	0.008096	0.002488	0.0007552
32-PSK	0.1568	0.1272	0.0863	0.04496	0.01838	0.006477	0.002007
64-PSK	0.1468	0.1319	0.1074	0.07353	0.03875	0.01595	0.005664

Figure 4.11 O quadro seguinte mostra a representação gráfica dos resultados apresentados no quadro 4.13.

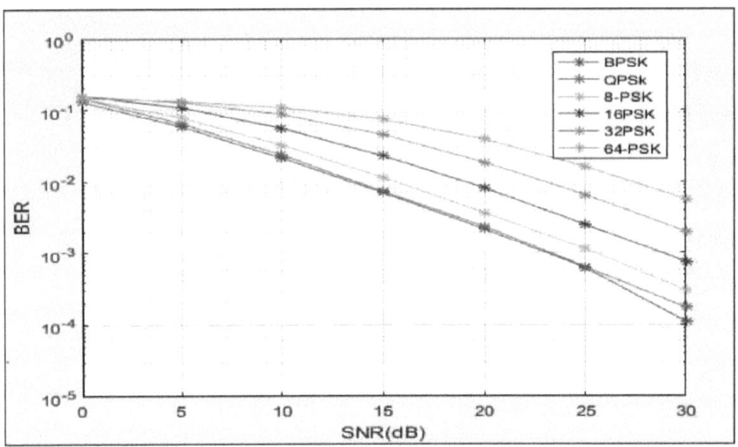

Figura 4.11. Compressão da BER entre diferentes M-PSK no canal Rayleigh Fading.

A Figura 4.11 mostra a análise do desempenho das técnicas de modulação M-PSK no canal de desvanecimento Rayleigh. Verificou-se que o BPSK e o QPSK têm a BER mais baixa em comparação com os outros tipos de M-PSK. Por exemplo, quando a SNR era de 0dB, a BER do BPSK e do QPSK era próxima de IO^{-1} , enquanto a do outro M-PSK era de cerca de 0,2. Também notámos que quando aumentamos a SNR, a BER diminui, mas se precisarmos de aumentar a taxa de dados, a BER aumenta, o que é evidente no caso do 64-PSK em comparação com o BPSK.

4.2.2 Análise de desempenho do projeto de um sistema de rádio cognitivo utilizando M- QAM no canal de desvanecimento Rayleigh.

No ambiente de simulação CR mostrado na fig. 3.3 e configurado como na tabela 4.9 (definindo a técnica de modulação como M-QAM e ordem de modulação igual a 4 e 8), os resultados da simulação são mostrados na tabela 4.14 abaixo.

Figure 4.14 4.14. Resultados da simulação do sistema CR utilizando 4-QAM, 8-QAM e

16-QAM no canal de desvanecimento Rayleigh.

SNR(dB)		0	5	15	30
RIC	4-QAM	0.1299	0.0580	0.006661	0.00015
	8-QAM	0.1225	0.0648	0.009082	0.0002431

Figure 4.15 O quadro seguinte mostra a representação gráfica dos resultados apresentados no quadro 4.14.

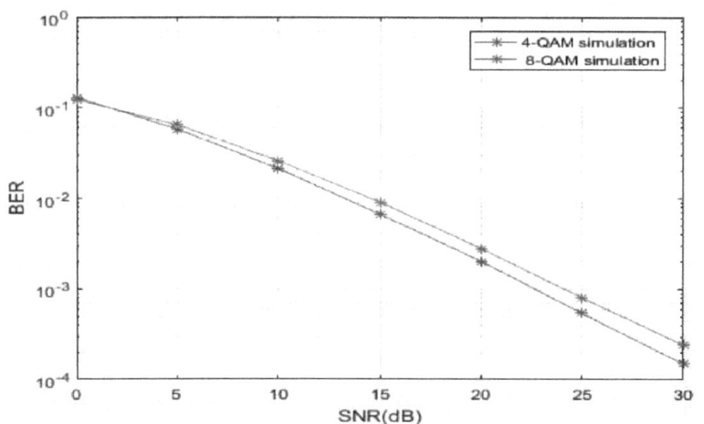

Figura 4.12. Compressão da BER entre 4-QAM&8-QAM no canal Rayleigh Fading.

A Figura 4.12 mostra a análise de desempenho das técnicas de modulação 4-QAM e 8-QAM no canal de desvanecimento Rayleigh. O 4-QAM tem uma BER mais baixa do que o 8-QAM. Por exemplo, quando a SNR era de 15 dB, a BER em 4-QAM era igual a 0,006661, em 8-QAM era igual a 0,009082, também quando a SNR de 30 dB, a BER de 4-QAM era igual a 0,00015, em 8-QAM era 0,0002431.

Ao definir a ordem de modulação na tabela 4.9 para M= 16, 32 e M=64, os resultados da simulação são mostrados na tabela 4.15 abaixo.

Tabela 4.15. Resultados da simulação do sistema CR usando 32-QAM e 64- QAM no canal AWGN.

SNR(dB)		0	5	15	30
RIC	16-QAM	0.1213	0.068	0.0104	0.0002778
	32-QAM	0.1187	0.07509	0.01338	0.0003796

	64-QAM	0.107	0.07728	0.01764	0.0005806

A figura 4.13 abaixo mostra a representação gráfica dos resultados explicados na tabela 4.15.

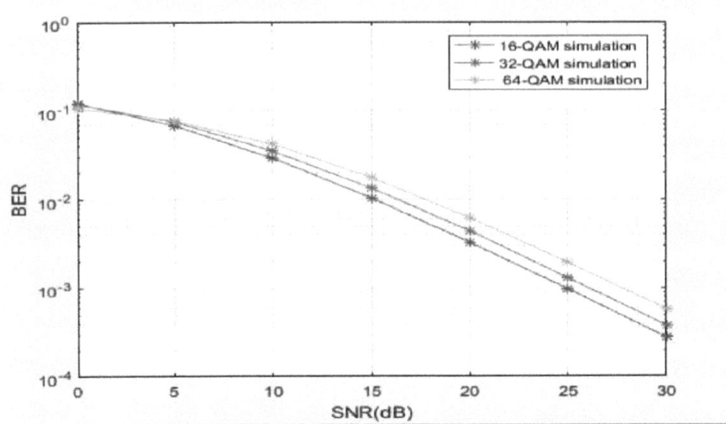

Figura 4.13. Compressão BER entre 16-QAM & 32-QAM &64- QAM no canal Rayleigh Fading.

Figure 4.16 mostram a análise de desempenho do 16-QAM, 32-QAM e 64-QAM, o desempenho do 16-QAM é melhor do que o do 32&64QAM. Alterando a ordem de modulação na tabela 4.9 para M-QAM de M=2 até 64, os resultados da simulação são mostrados na tabela 4.16 abaixo.

Tabela 4.16. Resultados da simulação do sistema CR usando M-QAM no canal de desvanecimento Rayliegh.

SNR(dB)		0	5	10	15	20	25	30
RIC	4- QAM	0.1299	0.0580	0.02131	0.00666	0.00202	0.00054	0.00015
	8- QAM	0.1225	0.0648	0.0259	0.009082	0.00278	0.000806	0.00024
	16- QAM	0.1213	0.068	0.02924	0.0104	0.00324	0.000975	0.00027
	32- QAM	0.1187	0.0750	0.0353	0.01338	0.0044	0.00129	0.0003
	64- QAM	0.107	0.0772	0.0423	0.01764	0.00621	0.00192	0.0005

Figure 4.17 O quadro seguinte mostra a representação gráfica dos resultados explicados no quadro 4.16.

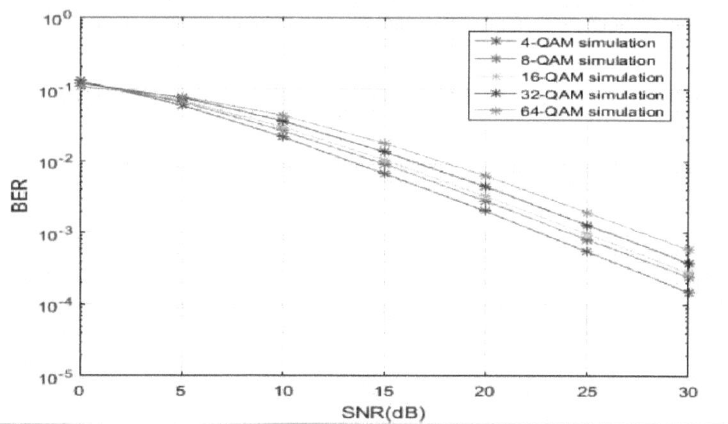

Figura 4.14. Compressão BER entre diferentes M-QAM em Rayleigh

Canal de desvanecimento.

A Figura 4.14 mostra a análise de desempenho de todas as técnicas de modulação M-QAM no canal de desvanecimento Rayleigh. O 4-QAM tem a BER mais baixa em comparação com os outros tipos de M-QAM. Por exemplo, quando a SNR é de 25 dB, a BER do 4-QAM e do 8-QAM é inferior a IO^{-3} , enquanto a dos outros M-QAM é superior alO^{-3} . Como mostra a fig.4.18, quando o valor da SNR aumenta,

A BER diminui em todas as técnicas de modulação M-QAM, o que significa que, para um melhor desempenho, é preferível a 4-QAM. Mas se nos preocuparmos com a taxa de dados, o 64-QAM é preferido porque modula seis bits por símbolo.

4.3Análise de desempenho do sistema de rádio cognitivo usando M-PSK e M-QAM no canal de desvanecimento Rician.

O parâmetro do modelo foi configurado como indicado na tabela 4.17 abaixo:

Tabela 4.17. Parâmetros de configuração da simulação CR para M-PSK & M- QAM no canal de desvanecimento Rician.

Parâmetro	Valor
Gama SNR	0-30 dB
Técnica de modulação	M-PSK E M-QAM

Canal	Riciano
Tempo de amostragem	1 s
Tempo de simulação	24 horas = 86400 s
Fonte de dados	Gerador de binários de Bernoulli 61
Desvio Doppler Frequência	0,01 Hz Com o modelo de Jakes
Potência do sinal de entrada	1Watt
Desvio Doppler difuso máximo	0,1 Hz
Rácio entre a componente especular e as componentes difusas de percursos múltiplos	3

4.3.1 Análise de Desempenho de um Sistema de Rádio Cognitivo usando M-PSK em Canal com Desvanecimento Riciano.

No ambiente de simulação CR mostrado na fig. 3.3 (capítulo anterior) e configurado como na tabela 4.17 (definindo a técnica de modulação como M-PSK e a ordem de modulação igual a 2,4,8), os resultados da simulação são mostrados na tabela 4.18 abaixo.

Tabela 4.18. Resultados da simulação do sistema CR usando BPSK, QPSK e 8- PSK no canal de desvanecimento Rician.

SNR(dB)		0	5	15	30
RIC	BPSK	0.1046	0.03172	0.007031	0.001788
	QPSK	0.1137	0.03377	0.008021	0.001824
	8-PSK	0.1311	0.05616	0.01504	0.003326

A figura 4.15 abaixo mostra a representação gráfica dos resultados explicados na tabela 4.18.

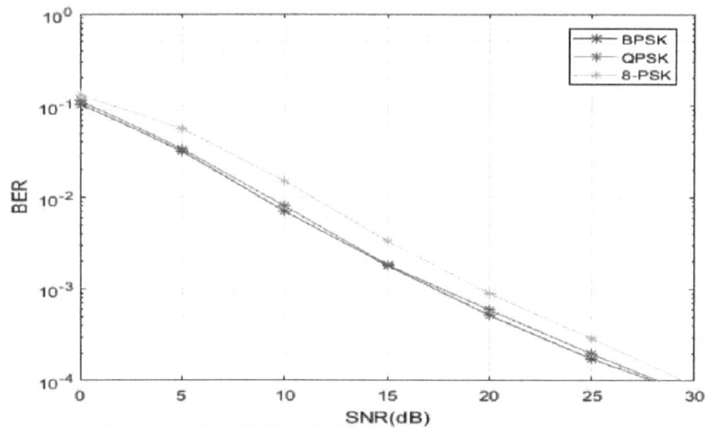

Figura 4.15. Compressão BER entre BPSK&QPSK&8-PSK em canal com desvanecimento Rician.

A Figura 4.15 mostra a análise de desempenho das técnicas de modulação BPSK, QPSK e 8- PSK em canais com desvanecimento Rician, notou-se que, BPSK tem menor BER do que QPSK e 8-PSK. Por exemplo, quando a SNR é de 5 dB, a BER do BPSK é igual a 0,03172, a do QPSK é igual a 0,03377 e a do 8-PSK é igual a 0,05616, também quando a SNR é de 30 dB, a BER do BPSK e do QPSK é igual a 0,00006944, é próxima de zero no caso do BPSK, do QPSK e do 8-PSK, a BER do 8-PSK é 0,00008873. A taxa de dados em 8-PSK foi superior à de BPSK e QPSK porque a taxa de símbolos em 8-PSK é de 1/3 e modula três bits por símbolo, o que dá uma taxa de dados mais elevada do que BPSK e QPSK.

Ao definir a ordem de modulação na tabela 4.17 para M=16, 32 e 64, os resultados da simulação são mostrados na tabela 4.19 abaixo.

Tabela 4.19. Resultados da simulação do sistema CR usando M-QAM no canal de desvanecimento Rayliegh.

SNR(dB)		0	5	15	30
RIC	16-PSK	0.1518	0.0947	0.03899	0.01014
	32-PSK	0.1543	0.1217	0.07602	0.03119
	64-PSK	0.1456	0.1298	0.103	0.06503

A figura 4.16 abaixo mostra a representação gráfica dos resultados explicados na tabela 4.19.

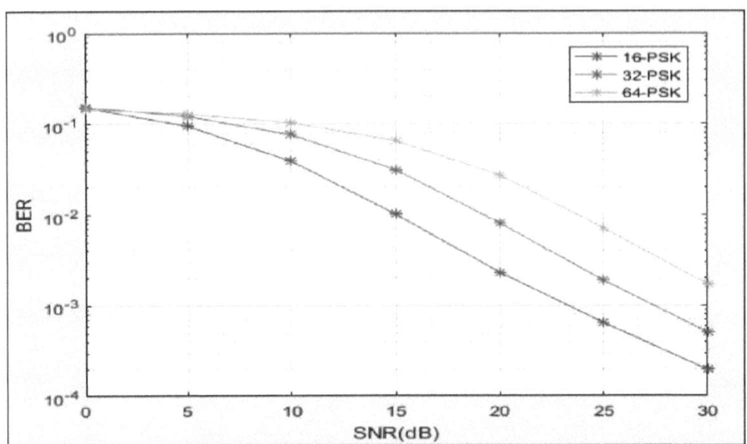

Figura 4.16. Compressão de BER entre 16-PSK, 32-PSK e 64-PSK em canal com desvanecimento Rician.

Figure 4.16 mostra a análise de desempenho das técnicas de modulação 16-PSK, 32-PSK e 64-PSK em canais de desvanecimento Rician, 16-PSK tem menor BER do que 32-PSK e 64-PSK, quando a SNR foi de 5 dB, a BER em 16-PSK é igual a 0,0947, em 32-PSK foi igual a 0,1217 e em 64-PSK em torno de 0,1298, também quando a SNR foi de 15 dB, a BER em 16-PSK é igual a *10~2* onde 32 & 64-PSK maior que10^{-2} .

Alterando a ordem de modulação na tabela 4.17 de M=2 até 64, os resultados da simulação são mostrados na tabela 4.20 abaixo.

Tabela 4.20. Resultados da simulação do sistema CR usando M-PSK no canal de desvanecimento Rician.

SNR(dB)		0	5	10	15	20	25	30
RIC	BPSK	0.1046	0.03172	0.007031	0.001788	0.000515	0.000173	0.00006
	QPSK	0.1137	0.03377	0.008021	0.001824	0.000590	0.000196	0.0000694
	8-PSK	0.1311	0.05616	0.01504	0.003326	0.000887	0.000289	0.00008873
	16-PSK	0.1518	0.0947	0.03899	0.01014	0.002295	0.000645	0.0001968
	32-PSK	0.1543	0.1217	0.07602	0.03119	0.00809	0.001875	0.0005069
	64-PSK	0.1456	0.1298	0.103	0.06503	0.02726	0.007131	0.001694

A figura 4.17 abaixo mostra a representação gráfica dos resultados explicados na tabela 4.20.

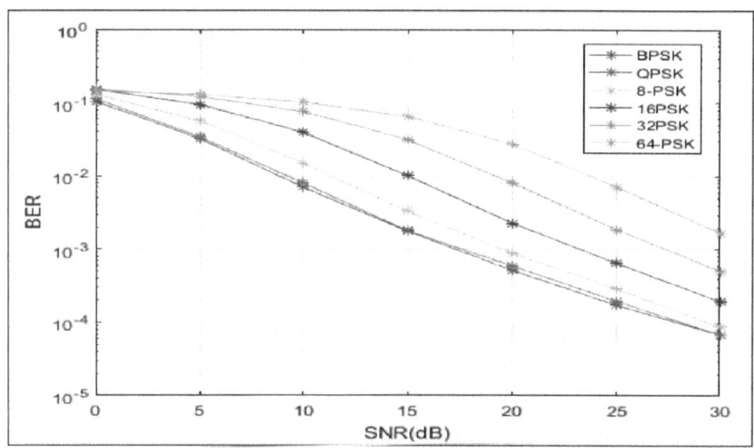

Figura 4.17. Compressão BER para diferentes M-PSK no canal de desvanecimento Rician

Figure 4.17 apresenta a análise do desempenho das técnicas de modulação M-PSK no canal de desvanecimento Rician. O BPSK e o QPSK têm o BER mais baixo em comparação com outros tipos de M-PSK. Por exemplo, quando a SNR é de 20 dB, a BER em BPSK e QPSK é inferior a 10^{3} e em 8, 16, 32 e 64-PSK é superior a 10^{-3} . Também se verificou que, quando o valor da SNR aumenta, a BER diminui em todas as técnicas de modulação M-PSK, o que significa que, para obter um melhor desempenho, a SNR deve ser elevada.

4.3.3 Análise de desempenho do projeto de sistema de rádio cognitivo utilizando M-QAM no canal de desvanecimento Rician.

No ambiente de simulação CR mostrado na fig. 3.3 (capítulo anterior) e configurado como na tabela 4.17 (definindo técnicas de modulação para M-QAM e ordem de modulação igual a 2,4), os resultados da simulação são mostrados na tabela 4.21 abaixo.

Tabela 4.21. Resultados da simulação do sistema CR usando 4-QAM e 8-QAM no canal de desvanecimento Rician.

SNR(dB)		0	5	15	30
RIC	4-QAM	0.1041	0.03189	0.001887	0.00006944
	8-QAM	0.1332	0.05634	0.00343	0.000104

A figura 4.18 abaixo mostra a representação gráfica dos resultados explicados na tabela 4.21.

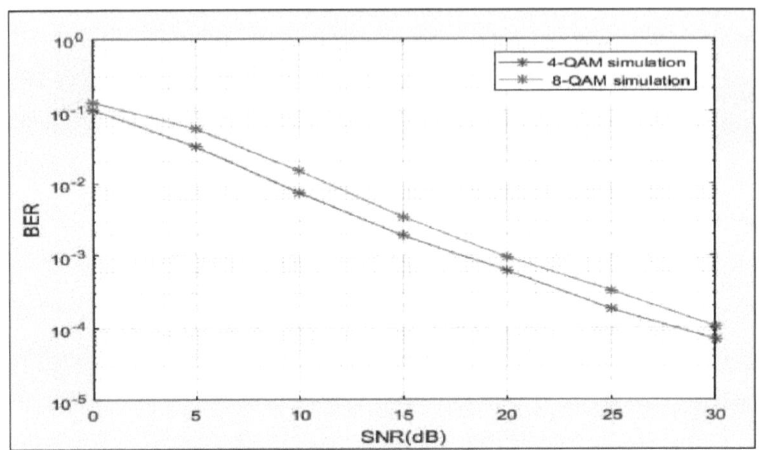

Figura 4.18. Compressão BER entre 4-QAM &8-QAM em canal com desvanecimento Rician.

A Figura 4.18 mostra a análise de desempenho das técnicas de modulação 4-QAM e 8-QAM no canal de desvanecimento Rician. O 4-QAM tem uma BER mais baixa do que o 8-QAM. Por exemplo, quando a SNR é de 10 dB, a BER em 4-QAM é igual a 0,007321, em 8-QAM é de cerca de 0,01462, também quando a SNR é de 30 dB, a BER em 4-QAM é inferior a IO^{-4} onde a BER em 8-QAM é igual a IO^{-4} .

Ao definir a ordem de modulação na tabela 4.17 para M=16, 32 e 64, os resultados da simulação são mostrados na tabela 4.22 abaixo.

Tabela 4.22. Resultados da simulação do sistema CR utilizando 16-QAM, 32-QAM e 64 QAM no canal de desvanecimento Rician.

SNR(dB)		0	5	15	30
RIC	16- QAM	0.1117	0.05248	0.003417	0.000107
	32- QAM	0.1134	0.06356	0.004833	0.000118
	64- QAM	0.1126	0.07657	0.009066	0.000185

A figura 4.19 abaixo mostra a representação gráfica dos resultados explicados na tabela 4.18.

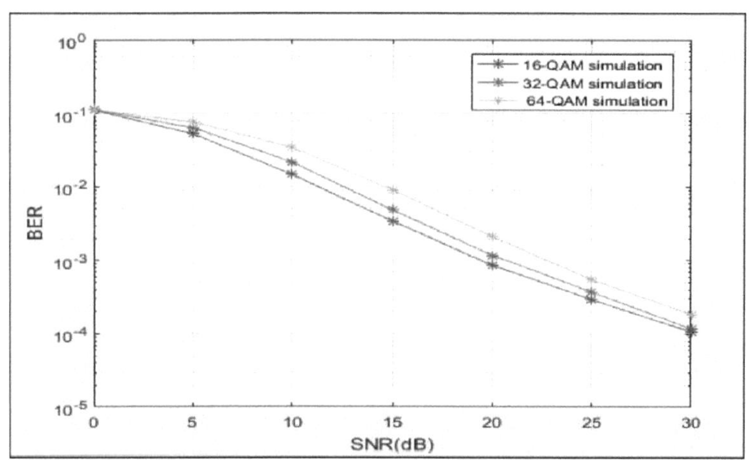

Figura 4.19. Compressão BER entre 16-QAM, 32-QAM e 64-QAM em canal com desvanecimento Rician

A Figura 4.19 mostra a análise de desempenho de 16-QAM, 32-QAM e 64-QAM no canal de desvanecimento Rician. Verifica-se que o 16-QAM tem um melhor desempenho do que o 32 e o 64-QAM porque tem o BER mais baixo. Também em SNR prude (25dB - 30dB) o desempenho do 32-PSK é próximo do 16-PSK, mas o 16-PSK continua a ser melhor do que o outro tipo.

Ao alterar a ordem de modulação na tabela 4.17 para M-QAM de M=2 até 64, os resultados da simulação são apresentados na tabela 4.23 abaixo.

Tabela 4.23. Resultados da simulação do sistema CR usando M-QAM no canal de desvanecimento Rician.

SNR(dB)		0	5	10	15	20	25	30
RIC	4- QAM	0.1041	0.03189	0.007321	0.001887	0.000613	0.000179	0.00006944
	8- QAM	0.1332	0.05634	0.01462	0.00343	0.000945	0.000324	0.000104
	16- QAM	0.1117	0.05248	0.01457	0.003417	0.000857	0.000292	0.000107
	32- QAM	0.1134	0.06356	0.02152	0.004833	0.001174	0.00037	0.000118
	64- QAM	0.1126	0.07657	0.03404	0.009066	0.002108	0.000546	0.000185

A figura 4.20 abaixo mostra a representação gráfica dos resultados explicados na tabela 4.23.

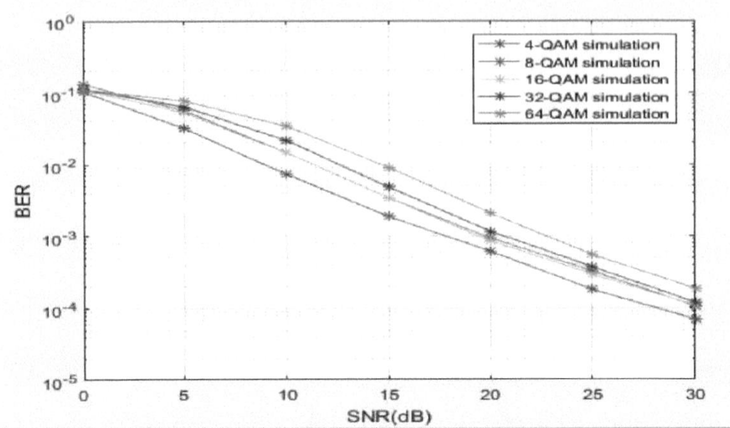

Figura 4.20. Compressão da BER entre diferentes M-QAM no canal de desvanecimento Rician.

A Figura 4.20 mostra a análise de desempenho de todas as técnicas de modulação M-QAM no canal de desvanecimento Rician. O 4-QAM tem a BER mais baixa em comparação com os outros tipos de M-QAM. Por exemplo, quando a SNR é de 20 dB, a BER do 4-QAM é inferior a IO^{-3} (exatamente 0,000613), enquanto a dos outros M-QAM é superior a lO^{-3} . Também a partir da figura acima, quando o valor da SNR aumenta, a BER diminui em todas as técnicas de modulação M-QAM, o que significa que, para um melhor desempenho, o 4-QAM é preferível. Mas se nos preocuparmos com a taxa de dados, o 64-QAM é preferido porque modula seis bits por símbolo.

Capítulo Cinco

Conclusões e recomendações

5.1 Conclusão :-

Nesta tese, foram estudados os conceitos de CR, foi concebido um modelo de simulação baseado na técnica de deteção de energia utilizando a ferramenta MATLAB Simulink e foi analisado o desempenho do sistema. Utilizando este modelo durante um dia inteiro (24 horas) para detetar o ambiente circundante, foram detectados muitos buracos no espetro de licenças e foi determinado um limiar para o nível de energia.

O modelo concebido analisou o desempenho do sistema CR em canais sem desvanecimento (AWGN) e com desvanecimento (Rayleigh e Rician) para explorar a banda não utilizada e aumentar a utilização do espetro. O modelo teve como objetivo alcançar uma transmissão de alta eficiência, pelo que o BER foi calculado em função da SNR em técnicas de modulação de ordem diferente e alta.

Os resultados da simulação mostram que a tecnologia de rádio cognitivo aumenta a utilização do espetro através do acesso dinâmico. No CR, o processo de deteção do espetro detecta os buracos no espetro, analisa a informação obtida e reconfigura os seus parâmetros, para que o SU possa utilizar esses buracos sem causar interferências com o utilizador licenciado.

Os resultados gráficos mostram que, para a mesma ordem de modulação, o desempenho do sistema M-QAM é melhor do que o do sistema M-PSK (menos BER). Independentemente das técnicas de modulação (4-QAM, 8-QAM, 4-PSK e 8-PSK), os sistemas de modulação de ordem inferior têm menor BER do que os sistemas de modulação de ordem superior (32-QAM, 64-QAM, 32-PSK e 64-PSK), mas, considerando a taxa de dados do sistema, os sistemas de modulação de ordem superior são melhores do que os sistemas de modulação de ordem inferior.

5.2 Recomendações :-

É evidente que os sistemas de rádio cognitivos estão a difundir-se a um ritmo acelerado para serem utilizados num futuro próximo, porque resolvem o problema do espetro limitado e utilizam-no de forma eficiente.

Esta tese centrou-se no sistema de rádio cognitivo baseado em técnicas de deteção não cooperativa, especificamente o método de deteção de energia, os resultados obtidos poderiam ser melhorados através das seguintes sugestões:

- Implementar o sistema CR e analisar o desempenho com dados reais.
- Utilizar mais tipos de modulação digital e analisar o desempenho do sistema.
- Implementar um sistema de rádio cognitivo utilizando técnicas de modulação e codificação adaptativas (AMC) e analisar o seu desempenho.
- Estudar outros parâmetros de avaliação da QoS, como o atraso, a perda de pacotes e a taxa de transferência.
- Analisar o desempenho do sistema CR utilizando outros tipos de técnicas de deteção e comparar os resultados obtidos com os resultados actuais.

Referências

[1] S. Haykin. Cognitive radio: brain-empowered wireless communications. *Selected Areas in Communications, IEEE Journal on*, 23(2):201-220,2005.

[2] I. F. Akyildiz, L. Won-Yeol, e K.R. Chowdhury. Spectrum management in cognitive radio ad hoc networks (Gestão do espetro em redes ad hoc de rádio cognitivo). *IEEE Xplore*, 3(12):6-12, 2009.

[3] R. Tandra, S. M. Mishra e A. Sahai. O que é um buraco no espetro e o que é preciso para o reconhecer? *Proceedings of the IEEE*, 97(5):824- 848, 2009.

[4] J. Ch. Clement, K. V. Krishnan, e A. Bagubali "Rádio Cognitivo: Spectrum Sensing Problems in Signal Processing," International Journal of Computer Applications, vol. 40, no. 16, pp. 37-40, 2012. Fundação de Ciências da Computação (FCS) DOI: 10.5120/5067-7475.

[5] D. Cabric, S. M. Mishra, e R. W. Brodersen. Questões de implementação na deteção de espetro para rádios cognitivos. Em *Signals, Systems and Computers, 2004. Conference Record of the Thirty-Eighth Asilomar Conference on*, volume 1, páginas 772-776 Vol.1, 2004.

[6] Y. Tachwali, F. Basma, and H. H. Refai, "Adaptability and Configurability in Cognitive Radio Design on Small Form Fator Software Radio Platform," *Wireless Personal Communications,* vol. 62, no. 1, pp. 19, 2012, Springer DOI: 10.1007/s11277-010 0035-3.

[7] J. Mitola, Cognitive Radio - An Integrated Agent Architecture for Software Defined Radio, Dissertação de Doutoramento, Instituto Real de Tecnologia, Kista, Suécia, 2000.

[8] B. Wang e K. J. Ray Liu, "Advances in Cognitive Radio Networks: A Survey," *IEEE Journal of Selected Topics in Signal Processing*, vol.5, no.1, pp.5-23, 2011 IEEE DOI: 10.1109/JSTSP.2010.2093210.

[9] S. Haykin, "INVITED PAPER: Cognitive Radio Brain-Empowered Wireless Communications", *IEEE Journal on Selected Areas in Communications,* vol. 23, n.º 2, pp. 201-220, 2005. IEEE DOI: 10.1109/JSAC.2004.839380.

[10] FCC, ET Docket n.º 03-108, "Facilitating Opportunities for Flexible, Efficient, and Reliable Spectrum Use Employing Cognitive Radio Technologies", *relatório e despacho da*

FCC, 2005.

[11] Goldsmith, A., Jafar, S. A., Maric, I., & Srinivasa, S. (2009). Breaking spectrum gridlock with cognitive radios: An information theoretic perspective. *Procedimentos do IEEE* 97:5, 894-914.

[12] Peha, J. (2009). Partilha do espetro através da reforma da política do espetro e da rádio cognitiva. *Actas do IEEE* 97:4, 708-719.

[13] I. F. Akyildiz, L. Won-Yeol, C. V. Mehmet e M. Shantidev. Next generation/ dynamic spectrum access/ cognitive radio wireless networks; a survey. *Computer Networks,* 50(2):2127-2159, 2006.

[14] Yucek, T., Arslan, H.: Um estudo dos algoritmos de deteção do espetro para aplicações de rádio cognitivo. IEEE Comm. Surv. Tutorials 11(1), 116-130 (2009).

[15] Ian F. Akyildiz, W. Y. Lee, M. C. Vuran e S. Mohanty, "Next Generation/Dynamic Spectrum Access/Cognitive Radio Wireless Networks": A Survey", Computer Networks, Vol. 50, pp. 2127- 2159, maio de 2006.

[16] B. Wang, e K. J. Ray Liu, "Advances in Cognitive Radio Networks: A Survey," IEEE Journal of Selected Topics in Signal Processing, Vol. 5, No.1, pp. 5 23, fevereiro de 2011.

[17] J. Proakis, Digital Communications, 3ª edição, Mc Graw Hill.

[18] Nisha Yadav, 2Suman Rathi "Técnicas de deteção do espetro: Research, Challenge and Limitations", IJECT Vol. 2, IssuE 4, oCT. - DEC. 2011 ISSN: 2230-7109.

[19] Kimtho po, jun-ichi takada, "signal detection method based on cyclostationarity for cognitive radio", the institute of electronics, information and communication engineers, technical report of ieice.

[20] H. Urkowitz. Deteção de energia de sinais determinísticos desconhecidos. *Proceedings of the IEEE,* 55:523-531, 1967.

[21] D. Cabric, S. M. Mishra e R. W. Brodersen, "Implementation Issues in Spectrum Sensing for Cognitive Radios", em Proc. 38th Conferência de Asilomar sobre Sinais, Sistemas e Computadores, pp. 772776, Nov. 2004.

[22] Miguel Lpez-Bentez e Fernando Casadevall, "Improved energy detection spectrum sensing for cognitive radio," IET Communications (2012), 6(8):785.

[23] Anirudh M. Rao, B. R. Karthikeyan, Dipayan mazumdar, Govind R. Kadambi, "Energy detection technique for spectrum sensing in cognitive radio," SASTECH Vol. 9, Issue 1, April 2010.

[24] Dong-Chan Oh e Yong-Hwan Lee, " Energy detection based spectrum sensing for sensing error minimization in cognitive radio networks," International Journal of Communication Networks and Information Security (IJCNIS) Vol. 1, No. 1, abril de 2009.

[25] V. Sonmezer, M. Tummala e D. Jenn, "Cooperative Wideband Spectrum Sensing and Localization using Radio Frequency Sensor Networks", tese, Naval Post Graduate School, Monterey, Califórnia. pp. 1-91, setembro de 2009.

[26] A. Bansal, and M. R. Mahajan, "Building Cognitive Radio System using MATLAB, " International Journal of Electronics and Computer Science Engineering, Vol. 1, No. 3, pp. 1555-1560, 2012.

[27] C. Xiao e A. Kataria, " Cognitive Radios-Spectrum Sensing Issues " Tese, Faculity of The Graduate School at The University of Missouri-Columbia, pp. 1-45, dezembro de 2007.

[28] Y. Tachwali, F. Basma, e H. H. Refai, "Cognitive Radio Architecture for Rapidly Deployed Heterogeneous Wireless Networks," IEEE Transactions on Consumer Electronics, vol. 56, no. 3, pp. 1426-1432, 2010.

[29] S. Haykin, Cognitive radio: "brain-empowered wireless communications", IEEE Journal on Selected Areas in Communications, Vol 23, No.2 Feb 2005.

[30] D. Cabric e R.W Brodersen, "Physical layer design issues unique to cognitive radio systems", em: Proc. of IEEE Personal Indoor and Mobile Radio Communications (PIMRC 2005), setembro de 2005.

[31] B. Razavi, RF Microelectronics, Prentice Hall, 1997.

[32] Jim Girouard (2015) *Advantages of Cognitive Radio,* Disponível em: http://blog. cpe.wpı. edu/blog/5-advantages-of-cognitiveradio (Acedido em: 29/3/2017).

[33] Amit Chauhan, Prof. Rashmi Pandey, Prof. Ashish Singhadia (junho de 2014) 'Survey of Energy Efficient Methods for Cognitive Radio', *International Journal of Emerging Technology and Advanced Engineering,* Volume 4(Issue Number 6), pp. 414-415.

[34] Lu, J., Lataief, K.B., Chuang, J.C.I., Liou, M.L.: Cálculo de BER de M-PSK e M-

QAM utilizando conceitos de espaço único. IEEE Trans. Commun. 47, 181-184 (1999).

[35] Proakis, J.G.: Digital Communications, 3rd edn. McGraw-Hill, Nova Iorque (1995).

[36] Rappaport, T.S.: Wireless Communications: Principles and Practice. IEEE Press, Piscataway (1996).

[37] Cho, K., e Yoon, D., "On the general BER expression of one- and two-dimensional amplitude modulations", *IEEE Trans. Commun.*, vol. 50, n.º 7, julho de 2002, pp. 1074-1080.

[38] Simon. M.K. e M.-S. Alouini, Digital Communication over

Fading Channels. 2ª ed. Wiley Series in Telecommunications and Signal Processing2004, Nova Iorque. NY: Wiley-IEEE Press.

[39] Proakis, J.G. e M. Salehi, Digital Communications, ed. 5th 2007, Nova Iorque, NY: McGraw-Hill.

Printed by Books on Demand GmbH, Norderstedt / Germany